我发现了奥秘

世界上最最疯狂的

化学书

[韩]李浩先◎编著

吉林出版集团股份有限公司

图书在版编目(CIP)数据

世界上最最疯狂的化学书/(韩)李浩先编著.－长春：
吉林出版集团股份有限公司，2012.1（2021.6重印）
（我发现了奥秘）
ISBN 978-7-5463-8090-2

Ⅰ.①世… Ⅱ.①李… Ⅲ.①化学－儿童读物
Ⅳ.①06-49

中国版本图书馆CIP数据核字(2011)第264513号

我发现了奥秘

世界上最最疯狂的化学书

SHIJIE SHANG ZUI ZUI FENGKUANG DE HUAXUESHU

出版策划：孙　昶
项目统筹：于姝姝
责任编辑：于姝姝
出　　版：吉林出版集团股份有限公司（www.jlpg.cn）
　　　　　（长春市福祉大路 5788 号，邮政编码：130118）
发　　行：吉林出版集团译文图书经营有限公司　（http://shop34896900.taobao.com）
总 编 办：0431-81629909
营 销 部：0431-81629880/81629881
印　　刷：三河市燕春印务有限公司（电话：15350686777）
开　　本：889mm×1194mm　1/16
印　　张：9
版　　次：2012年1月第1版
印　　次：2021年6月第7次印刷
定　　价：38.00元

印装错误请与承印厂联系

写在前面

孩子的脑海里总是会涌现出各种奇怪的想法——为什么雨后会出现彩虹？太阳为什么东升西落？细菌是什么样的？恐龙怎么生活啊？为什么叫海市蜃楼呢？金字塔是金子做成的吗？灯是什么时候发明的？人进入太空为什么飘来飘去不落地呢？……他们对各种事物都充满了好奇，似乎想找到每一种现象产生的原因，有时候父母也会被问得哑口无言，满面愁容，感到力不从心。别急，《我发现了奥秘》这套丛书有孩子最想知道的无数个为什么、最想了解的现象、最感兴趣的话题。孩子自己就可以轻轻松松地阅读并学到知识，解答所有问题。

《我发现了奥秘》是一套涵盖宇宙、人体、生物、物理、数学、化学、地理、太空、海洋等各个知识领域的书系，绝对是一场空前的科普盛宴。它通过浅显易懂的语言，搞笑、幽默、夸张的漫画，突破常规的知识点，给孩子提供了一个广阔的阅读空间和想象空间。丛书中的精彩内容不仅能培养孩子的阅读兴趣，还能激发他们发现新事物的能力，读罢大呼"原来如此"，竖起大拇哥啧啧称奇！相信这套丛书一定会让孩子喜欢、令父母满意。

还在等什么？让我们现在就出发，一起去发现科学的奥秘！

目 录

化学，原来并不讨厌

日常生活中，我们每天吃的、穿的、用的等都藏着化学知识。我们每天都要接触到衣服、食物、高楼、土壤等。你有没有想过，这个世界为什么会有这些东西？这些东西到底是由什么组成的呢？现在，就让我们一起去探寻一下我们所生活的这个五彩缤纷的世界吧！

揭开物质世界的神秘面纱

我们现在看到的这些高楼大厦以及看不见的空气都是由什么组成的呢？这个问题曾经困扰着人们许多年。

随着人类的不断进步，科学家们不断地研究，这个物质世界神秘的面纱终于被揭开了。世界上的一切物质都是由元素组成的，无论是坚硬的石头，还是软软的棉花；无论是人的骨骼，还是微小的细菌……一切都不例外。

在今天，人们还发现，不但地球上的物质是由元素组成的，就连其他星球上的物质也是由元素组成的。更让我们惊奇的是，无论是地球上

的元素，还是其他星球上的元素，它们都是一模一样的。到现在为止，人们发现的元素大约有一百多种，那么这些元素怎么能组成成千上万种物质呢？其实这个问题也很简单，小朋友，你学英语的时候，知道了英语中有26个字母，它们经过自由组合，可以组成无数个单词。而元素也是同样的道理，不同种类的元素经过不同的作用方式相结合，就组成了数不清的、复杂的物质。因此，就形成了我们这个五彩斑斓的世界。

这个预言好神奇

那么这些化学元素是怎么被发现的呢？它们之间有什么联系吗？

俄国化学家门捷列夫在做实验的时候，突然就想到了这样一个问题：元素之间肯定是有一定联系的。

原来，在他之前，科学家们经

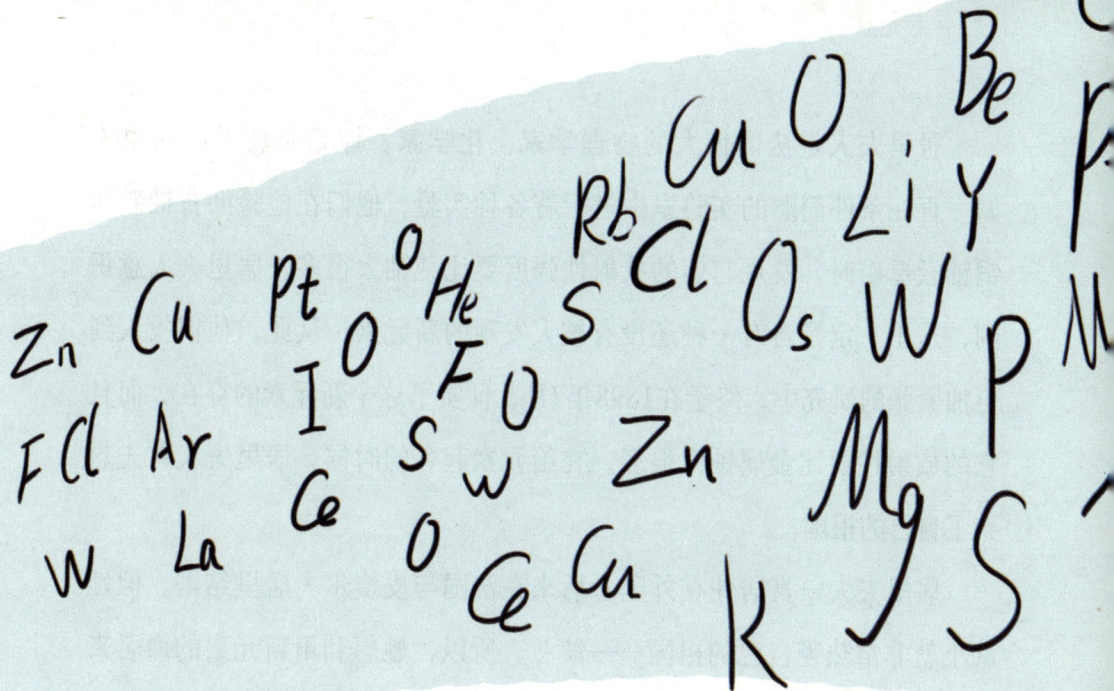

常是今天发现一个元素，明天发现一个元素，而这些元素都是零散的、孤立的，谁也不知道世界上到底有多少种元素，它们之间有没有联系。

经过门捷列夫周密地研究、计算，最后，证实了他的这一预言的正确性。他在总结前人经验的基础上，以元素本身固有的属性，找出了元素之间的规律。他用这种方法，创造了"化学元素周期表"，从而，为化学的研究领域开创了一个新天地。

这个名字起得真有意义

在给化学元素起名字的时候，往往也都是具有一定的含义，可能是为了纪念某个人，可能是为了纪念某个地点，也可能是因为这个元素的本身特征。

大家都听说过居里夫人（1867～1934）吧，这里还有一个关于她给元素命名的小故事。

居里夫人是法国伟大的物理学家、化学家，原籍是波兰。居里夫妇一直在条件简陋的实验室中进行着各种实验。他们在检验沥青铀矿和铜铀云母矿时，发现它们的放射性强度要比纯铀大很多。居里夫人意识到，这里一定是含有一种还没有被人发现的新元素。从此，他们投入到更加紧张的研究中，终于在1898年7月，证实了这个新元素的存在，而且它的放射性要比金属铀大很多。在给元素起名的时候，居里夫人首先想到了自己的祖国。

居里夫人一直居住在外国，后来在法国与皮埃尔·居里结婚。但她从小就非常热爱自己的祖国——波兰。所以，她想利用新元素的命名来为祖国争得骄傲和光荣，以寄托她那一片爱国之情。而皮埃尔·居里也完全理解夫人的爱国热情，欣然表示同意。

在发现新元素的那一刻，居里夫人激动地扑在丈夫的怀里，兴奋地高喊着："啊，新元素，钋，钋！钋，波兰！波兰，钋！"皮埃尔·居里也从心底发出了欢呼。

谁为元素下的定义？

宇宙间存在着岩石、黏土、空气、水等形形色色千变万化的物质。这些物质都是由什么组成的，其本质又是什么呢？许多科学家都做了大量实验，想解开这个谜。英国的化学家波义耳（1627～1691）在他的实验室中做了大量的实验，最后他从哲学的观点为元素下了一个定义：元素应该是用一般化学方法不能再分解为更简单的某些实物，一切物质都是由元素组成的。

虽然波义耳并没有发现任何具体的元素，但他为元素确定了科学的概念。从现在来看，他的这个元素的定义也是比较准确的、科学的。人们从发现第一种元素开始，不断地认识和合成的元素有一百多种，而这些发现都是建立在波义耳的元素学说基础上的。所以我们不能不说，波义耳的元素学说是一项意义深远的伟大发现。

趣味问答

妙趣横生的
化学元素

　　通过上面的介绍，我们知道，我们生活的这个世界里到处充满着物质，不但大树、土壤、高楼等是由元素组成的，就连我们人类自身也是由多种元素组成的。可以说，元素就是组成所有物质的"基石"。那么，在生活中，你是否了解这些元素呢？你知道这些元素都是谁发现的吗？接下来，就带你去了解几个有意思的元素。

人类的亲密朋友——氯

我们现在的生活可以说是非常便利的，不管住在多高的高楼，只要打开自来水龙头，就会看到清澈的自来水，而同时，你会闻到水中有一点点特殊的气味。这是因为自来水在处理的过程中，加入了氯气。可见，氯元素是我们每天都能接触到的亲密的朋友。那么为什么自来水中要加入氯元素呢？

这是因为，天然水中含有大量的微生物，其中有一些会对我们的身体造成伤害。所以，在饮用之前，必须经过处理，也就是在天然水中加入消毒剂。而充当消毒剂的主要是氯气，它可以把水中的细菌及微生物杀死。这样，经过沉淀、消毒的水，对人体健康就没有多大的不良影响了。因此，也可以说氯气是我们人类健康的忠诚卫士。

氯元素的用途是很广泛的，它不仅被当作消毒剂，同时还被广泛用于化工生产中。例如在造纸、纺织等工业中，氯元素被当作漂白剂，使纸张、布匹更加干净洁白。氯元素在一些染料以及农药、医药、炸药等化合物中，也能大显身手。

在自来水的处理过程中，自来水厂会用到大量的漂白粉，这主要是氯气和氢氧化钙反应的产物，其中的有效成分是次氯酸钙，是一种氧化性很强的物质。无论植物，还是动物，都受不了它。所以，我们不能用自来水直接浇花或者养鱼，也不能直接饮用。

生命的栋梁之材——碳

碳是铁、钢的成分之一，在各种各样的化学元素中，碳元素是最奇妙的。它不仅在日常生活中应用广泛，而且是我们人类和其他生物的体内都不可缺少的组成元素之一。

你可能要问，碳有什么奇妙之处呢？在我们生活中烧的煤炭、吃的

碳水化合物、喝的碳酸饮料中都含有碳元素。在全球发现的各类化合物中，只有极少的一部分是不含碳的。碳可以为生命提供基本的材料，因此说，碳在生命世界中占据着重要的地位，是生命的栋梁之材。碳不仅是物质世界的"主角"，更是众多化学元素中的"明星"。

咦！你的牙齿上出现了一个小洞，赶紧去找牙医给补一下吧。而牙医在给你补牙之前，要先用钻孔器把龋齿上损坏的部分清理掉。

为什么牙医用的钻孔器那么坚硬并且锋利呢？原来，钻孔器的钻头是用金刚石制成的，而金刚石就是单质碳的一种形式，是世界上最坚硬的物质。

而单质碳还有另外一种形式，就是石墨。石墨是不是也像金刚石一样坚硬无比呢？当然不是，石墨黑不溜秋的，非常软，而且滑润，我们所用的铅笔主要就是由石墨制成的。在你使用的铅笔中，不知道你有没有发现铅笔上写有H、B不同的字母，这是告诉我们铅笔有

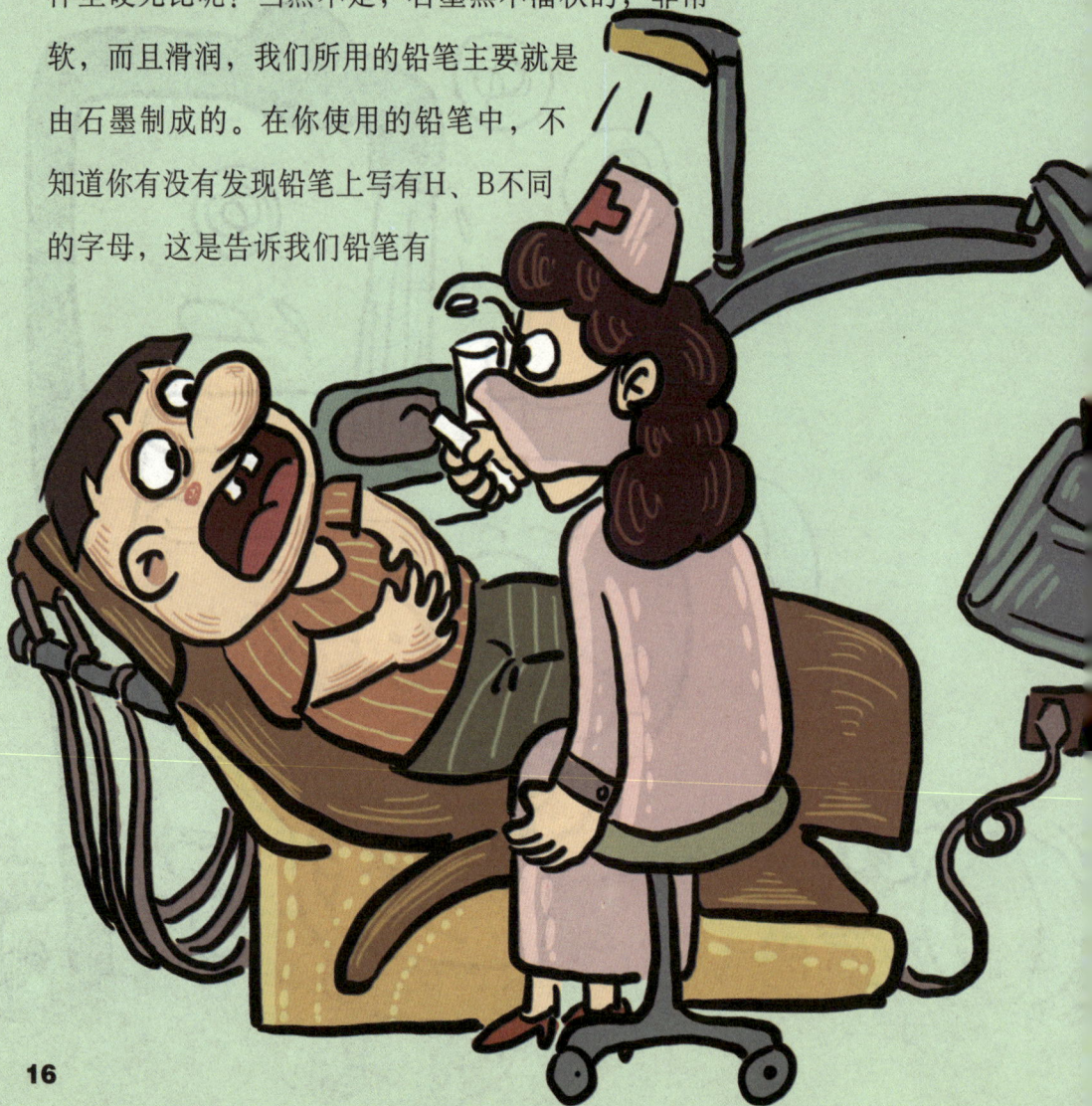

软硬的不同。因为石墨太软，如果只用石墨做铅笔芯，就很容易断，所以，生产铅笔时就在石墨粉末中加入一些黏土来增加硬度。黏土越多，硬度就越大。现在你该明白铅笔上的字母为什么不同了吧。

金刚石和石墨虽然都是由碳元素组成的，但是性质却完全相反，主要原因是它们的结构不同。它们被称之为同素异形体。

另外，大家都知道空气中含有二氧化碳。它可以帮助地球保留住温暖的红外线，不让其散失掉，使地球成为昼夜温差很小的温室，由此为地球上的生命提供了舒适的生活环境。那是不是说二氧化碳就越多越好呢？当然不是了，二氧化碳过多也会给我们带来一定的危害，那到底有什么危害呢？别着急，这个我们在下面会专门给小朋友们介绍的。

通过上面的介绍，你们说，碳是不是很神奇呀？

无毒却能伤人的氮

氮是一种普通的非金属元素，它的名称来源于希腊文，原意是"硝石"。氮通常以单质形态存在于空气中，除土壤中含有一些铵盐、硝酸盐以外，氮以无机化合物形式存在于自然界中是很少见的。氮是组成动物、植物蛋白质的重要元素。

氮气是一种无色、无味、无毒、不容易与其他物质发生化学反应的惰性气体，可以让火焰立即熄灭。氮气占空气总量的78.12%。也就是说，我们平常的呼吸过程中，除了吸入氧气外，还有大部分的氮气。它本身是不会对人体造成伤害的。

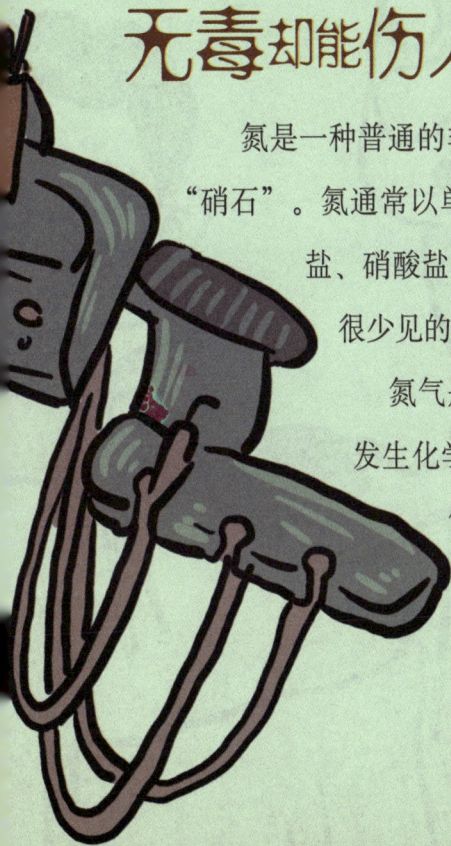

但在现实生活中，却经常会发生因为氮气造成窒息的事情，所以，我们要对氮气有一个充分的认识。

虽然氮气本身无毒，但是它仍然可以伤人。在制取氮气的过程中，生产装置、工艺管道的泄露，安全装置的失灵，等等，都有可能发生事故。因为氮气的大量存在，会使环境中的氧气含量达不到人体呼吸需要的安全范围，所以会造成因为缺氧而窒息。如果吸入少量的氮气，患者可能会感到胸闷、气短，过一会儿后，就会出现烦躁不安、极度兴奋、乱跑、步态不稳等。如果大量吸入，则会导致昏迷、因呼吸和心跳停止而死亡。一些潜水员深潜时，可能会表现出氮气的麻醉作用。如果从高压的环境快速地转到常压的环境，

人体内就会形成氮气气泡，压迫神经和血管，从而发生"减压病"。

　　而随着时代的进步，氮气的应用也越来越广泛。在电灯泡中充灌氮气，可以防止钨丝的氧化和减慢钨丝的挥发速度，延长灯泡的使用寿命；可以利用液氮给手术刀降温，使手术刀成为"冷刀"，医生用这样的刀手术，可以减少病人出血或者不出血，手术后病人会更快地康复。一些氮的化合物还用于农业，如氮肥。另外，氮还是方便面包装内的主要气体，能防止食物变坏。

死亡元素——氟

　　在众多的化学元素中，氟是最活泼的一个。氟气是一种浅黄色的气体，有毒，腐蚀性特别强，都说"真金不怕火炼"，但是黄金在受热后，也会在氟气中燃烧。在一定的条件下，氟气还可以和部分惰性气体反应。

　　氟是在1886年被法国化学家亨利·莫瓦桑发现的，他也因此获得了1906年的诺贝尔化学奖。但是在这之前，人们一直称氟为"死亡元素"。氟气所具有的捉摸不定的变化和难以驾驭的性格，曾让化学家吃了很多的苦头。爱尔兰科学院的乔治·诺克斯和托马斯·诺克斯兄弟二人因研究氟而严重中毒，哥哥不幸死亡，弟弟病倒三年。比利时化学家鲁耶特虽然

提高了警惕，但终因长期研究，中毒太深而身亡。法国化学家尼克雷也冲了上去，但遇到了和乔治·诺克斯以及鲁耶特一样的命运。所以，它被称为"死亡元素"一点儿也不为过。

那么，氟真的这么可怕吗？其实不是，每样东西都是有害有利的，氟也不例外。

大家都希望自己有一口健康而洁白的牙齿，而氟则和牙齿的健康息息相关。适量的氟可以坚固牙齿，防止龋齿的产生。同时，它还能控制口腔中细菌的繁殖。所以，你在市场上可以到处看到含氟的牙膏。但是，作为我们儿童，却不要过量地使用这样的牙膏，因为一旦氟使用过

量，同样会对人体造成危害。所以，专家建议儿童，还是不要使用含氟的牙膏比较好。

怕冷而又会发出"哭声"的锡

说到锡，可能大家都不是很了解，它是一种略带蓝色的白色光泽而又柔软的金属，和铅、锌比较相像，但是看上去要更亮一些。在远古时代，人们就发现并使用锡了。在中国的一些古墓中，也发现到一些用锡做的壶、烛台等。

在很多年以前，驻守在彼得堡的军队换装时，发生一件奇怪的事情，成千上万套的棉衣服上，所有的扣子都没有了，但是在钉扣子的地方，有一小堆灰色的粉末。俄皇知道后大发雷霆，勒令一定要把这个"罪魁"找出来。经过大臣们的调查，终于找到了这个"罪魁"。原来，这些扣子是用锡做的，而锡非常怕冻，一冻就都化成了粉末。人们把这种现象叫作"锡疫"。而当时正值彼得堡的初冬，气温很低，这些锡扣子当然都"化"了。

而纯锡还有一个特别的地方，就是会"哭"。当锡棒与锡板弯曲的

时候，会发出一种特别的声音，仿佛人的哭声一样。这种声音主要是由晶体之间发生摩擦而引起的。但如果是锡的合金，这种声音就没有了。人们根据这一特点，来辨别一块金属到底是不是纯锡。

　　尽管锡有很多怪性质，但是它在日常生活和生产中还是很有用的，例如锡被人们称为"制造罐头"的金属，而且在军工、仪表、电器以及轻工业等方面都能看到它的身影。相信随着科技的飞速发展，锡的用途将会越来越广泛，前景也将更加广阔。

知道氧气是谁发现的吗？

大家都知道，我们生活在地球上，最离不开的就是空气中的氧气。那么，你知道氧气是谁最先发现的吗？

瑞典化学家舍勒在1773年首先发现了氧气。舍勒分别通过硝酸钾、碳酸银、硝酸汞和氧化汞等物质的热分解，以及软锰矿与浓硫酸的共热制得了氧气。他把自己的这一成果写到了《论空气和火的化学》一书中，但因为其中出现了一些问题，这本书直到1777年才出版。

1775年，对舍勒的工作毫无所知的英国化学家普利斯特里也制得并研究了氧气，并且很快发表了论文。他在所著的《几种气体的实验和观察》一书中，详细叙述了氧气的各种性质，在当时，他把氧气称为"脱燃素空气"。他的实验非常有趣，他把老鼠放在了所谓的"脱燃素空气"中，发现它们过得非常舒服。因为好奇心的驱使，他自己又亲自做了这个实验，当时他描述自己的感觉是，"和平时吸入普通的空气一样，但自从吸过这种气体后，经过很多时候，身体一直觉得十分轻快舒畅。现在只有我和两只老鼠，才能享受呼吸这种气体的权利"。

因此，化学史上认为，舍勒和普利斯特里各自独立发现了氧气，他们都是氧气的发现者。其实，在他们之后，1783年，法国化学家拉瓦锡也发现了空气的复杂成分，其中之一就是氧气，而他的"氧化说"也已经普遍被人们所接受。

趣味问答

哇，人体内
也有化学呀！

　　小朋友，你是否思考过这样一个问题：我们为什么每天都要吃饭呢？这是因为，我们人类要想生存，除了必需的阳光和空气以外，还需要食物中的一些营养素。这些营养素主要包括水、无机盐、糖类、油脂、蛋白质和维生素。下面就让我们一起来探索一下人体中的这个化学世界吧。

维生素

我们身体中有这么多糖呢！

　　水是人体的重要组成部分，而糖类则是人体内分布最广的有机物。小朋友们要注意，这里的糖类可是和我们平时所吃的糖块不同呦。这个糖类是植物光合作用的产物，是动物、植物所需能量的重要来源。它们是由碳、氢、氧三种元素组成的，所以呢，又叫作碳水化合物。根据它们能否水解及水解产物的多少，我们还可以把糖类分为单糖、寡糖和多糖。

　　在生活中，我们每天所需要的能量大约有75%都是来自糖类。这时，有些小朋友着急了，说：糖类这么重要，为什么妈妈却不让我多吃糖呢？这当然是有原因的，世界卫生组织认为，每人每日的耗糖量以每千克体重需要0.5克左右为佳，所以要根据标准合理食用糖，千万不要拒绝吃糖，但也不能多吃糖。

没有蛋白质，就没有生命

　　蛋白质是荷兰科学家格里特发现的。他通过实验观察到生物一旦离开了蛋白质，就会死亡。所以说，蛋白质是一切生命的物质基础，人体的毛发、皮肤、骨骼、内脏等各个组织都是由蛋白质组成的。

　　很多年以前，德国科学家曾经做过这样一个有趣的实验：用不同的食物喂养小动物，第一组小动物喂养的是脂肪，第二组小动物喂养的是蛋白质。结果是第一组小动物全死了，第二组小动物却都很好地活了下来。这个实验说明，蛋白质和我们的生命是息息相关的。

　　蛋白质是人和动物都不可缺少的营养物质。美国著名营养学家安德尔·戴维斯曾说："摄取充足的蛋白质，会使人体年轻美丽，精力充沛，耐力持久，生命充满健康的阳光。"鸡蛋、牛奶以及豆类食品中都含有丰富的蛋白质，小朋友们要坚持每天吃一些，这样才能让自己变得更漂亮、更健康。

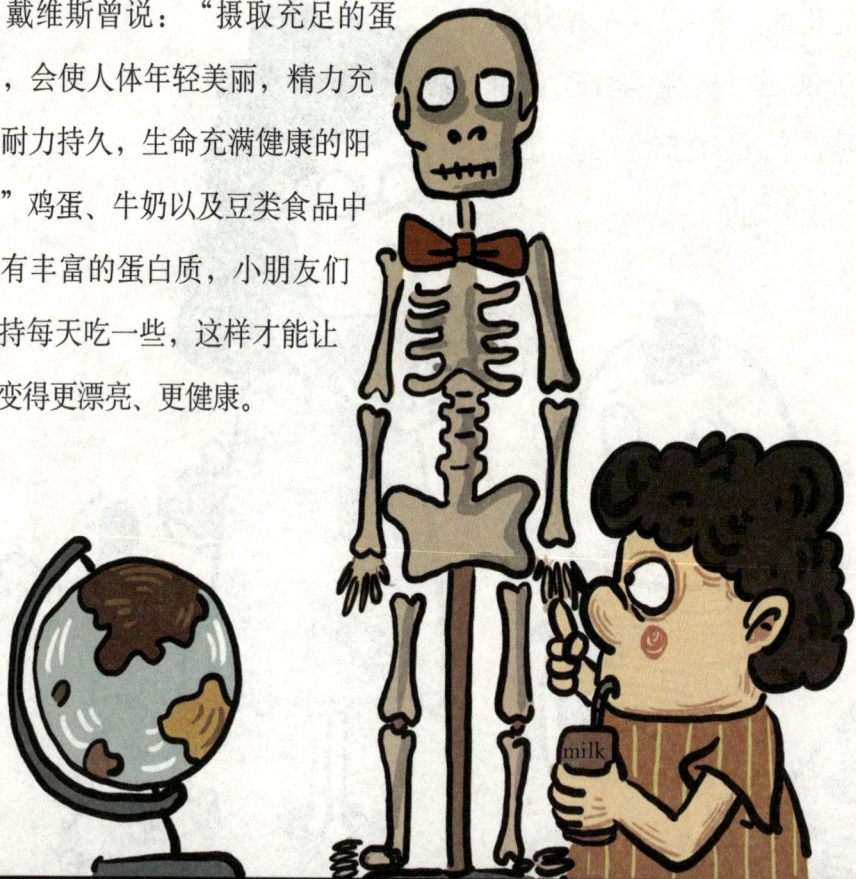

开车的司机——核酸

小朋友们都知道，要想把车开走，一定要有司机。而在人体内生命基础物质的生理活动中，核酸就扮演了司机的角色。

核酸包括碳、氢、氧、氮等元素，另外还含有大量的磷元素。我们通常在电视中会听到"进行DNA基因测试"，这里的DNA指的就是脱氧核糖核酸。核酸是制造人体的基础，是生命之源、生命之本。人体中一旦缺少核酸，就会产生失眠、健忘、发育不良、体质虚弱、时时感到困乏、懒于行动等症状。所以，核酸也是我们每天所必须补充的营养元素之一。

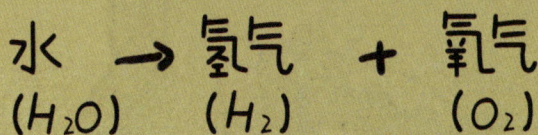

水 → 氢气 + 氧气
(H_2O)　(H_2)　　(O_2)

酶是生命的催化剂

酶是人体中具有催化能力的特殊的蛋白质。如果没有酶，我们人类及其他动物体内的各种化学变化都不能顺利进行，新陈代谢就会中断，生命活动也就停止了，所以，把酶称为生命的催化剂。

酶的家族十分庞大，种类也特别多，仅在人体中就有许多种，分布在人的口腔、胃肠道、胰脏、肝脏、肌肉和皮肤里。如果酶的摄入量不足，人体中缺少酶，而又没有得到及时的补充，就会引起某些疾病。那么怎样获得更多的酶呢？其实，我们每天所吃的食物、饮用的水和呼吸的新鲜空气中，都含有一些可以形成酶的物质。一些未被加工的食物中含有丰富的酶，一旦烹调后，大量的酶就耗损掉了，所以，一些可以生吃的蔬菜和水果最好生吃。

化学元素对我们人体有什么作用吗？

通过上面的介绍，我们清楚了人体是由多种元素按照一定的比例组成的有机体，各种化学元素各自起着自己特定的作用，彼此相辅相成，维持着人体的基本活动。人体内的元素是否适量与人体的健康与否有着直接的关系，只要人体中缺少任何一种元素，就会引起不正常的生理状态，并影响到生长和发育。但有些元素也不能过量，这样会对人体造成一定的危害，严重时甚至危及生命，比如硒，如果其含量太低，就会导致肝坏死和诱发心脏血管疾病等；而一旦其含量过高，就会使人中毒以致死亡。

而人体所需要的这些元素可以通过饮食摄入，所以，饮食结构对确保体内各种元素的适量起着关键的作用。人体所需的各种元素分布在多种食物中，所以，要提醒小朋友们，为了我们能够健康成长，千万不要偏食呦。

让你认识水的真面目

　　水，在自然界到处可见。你知道吗？人体的大部分都是由水组成的，而90%的血液也是由水组成的。如果人体失去了水，就会感到口渴、恶心，严重的时候还会产生头痛、走路困难，甚至是死亡。所以，人体是绝不能缺水的。水可以帮助消化，把食物中的营养物质带给细胞；水还可以帮助身体排除废物，所以水又被称为"清洁工"和"搬运工"。现在，要教给你一些你不知道的关于水的知识。我们来看一下吧。

水和人体有什么关系呢?

你肯定听说过这样一句话：水是生命之源。没错，在地球表面，大约有70%的面积被水覆盖，没有水地球上就没有生命。同样，在我们人体内部，水也是重要组成部分，是七大营养素之一。一旦失掉一定的水分，人就会有生命危险。人在陷入孤立无援的困境时，只要有水，生命就可以维持较长的时间。生病的时候，如果无法吃东西，最先补充的也是水。由此可见，水对人体的重要性是毋庸置疑的。

水在人体中扮演着重要的角色，蛋白质的形成、脂肪的平衡等都离不开水的参与。还有，水在食物消化与吸收、血液循环、排泄废物、调节体温等方面同样起着非常重要的作用。可见，水对我们是非常重要的。所以，我们一定要重视补水这个问题，这样才能达到强身健体的效果。

有些水是不能喝的

水是我们人体的重要组成部分，我们每天都要补充水分。但是，如果不注意饮水卫生，就会影响到身体健康。比如以下几种水，小朋友们

在日常生活中一定要注意，这些都是不宜喝的。

生水。因为生水暴露在大气中，很容易被一些细菌、病毒、微生物和有害金属所污染，如果我们喝了这样的生水，就很容易引起一些疾病，比如拉肚子、急性肠胃炎及寄生虫感染等。比如，在中国东北的克山地区，那里的水质很软，也就是水中含有的矿物质很少，如果喝了这样的生水，就很容易得上克山病。即使是自来水，我们也不能直接喝。虽然这些水是经过了一定的处理，但是有些水厂处理得并不完善，经常采用人工投氯的方法对水进行消毒。这种方法不能保证消毒剂用量的准确性，很难保证消毒的效果。

久置的水。凉白开水不可以在空气中暴露太久，否则会失去生物活性，

而其中含氮的有机物也会不断地被分解，同时，还会有微生物介入。所以，在暖瓶中放了很多天的开水，以及放在炉灶上沸腾很久的水，都不要饮用。

　　蒸锅水。蒸锅水就是蒸馒头或者饭菜等食物在锅底剩余的开水。这种水不能喝，因为水中含有微量的硝酸盐，如果水加热时间过长，硝酸盐的浓度也不断地增加，受热分解后就变成了亚硝酸盐。亚硝酸盐很容易与体内的血红蛋白结合，影响血液的运氧功能。同时，亚硝酸盐还是一种强烈的致癌物质。所以，蒸锅水不能喝。

真逗，水和火还能做朋友

　　人们都说"水火不相容"，大家也都知道，水是火的敌人，它们两个怎么可能做朋友呢？

　　在妈妈做饭的时候，可能会有少量的水从锅中溢出来，洒在正在燃烧的煤炭上，但火没有被扑灭，反而"呼"的一声，火苗蹿得更高了。这是为什么呢？别急，现在我就告诉你其中的秘密。

　　原来，这些水洒在燃烧着的煤炭上的时候，发生了化学反应，生

成一氧化碳和氢气，而这两种气体都是可燃性气体，被燃着的煤炭点燃后，使火苗更旺。我们可能看到过一些烧炉师傅常常往炉火上加入一些湿煤，运用的也就是这个原理。

当然，水火相容也是有一定条件的，像上面这个现象，燃着的煤炭一定是遇到少量的水，才能烧得更旺。如果你把大量的水浇在上面，那就得到完全相反的效果了。因为大量的水带走了很多热量，使煤炭的温度下降。同时，水变成了水蒸气，就像一条毯子一样覆盖在煤炭上，形成了一道与空气隔绝的屏障，煤炭得不到充足的维持其燃烧的氧气，火也就熄灭了。

人们利用水能助燃这一本领，使一些劣质的燃料油和废弃的石油都得到了充分的利用，并把一些含有大量可燃性成分的污水加入一定量的重油，作为燃料使用，或者用来发电。变废为宝，可谓一举两得。

喝水也会喝到玻璃吗？

无论是小朋友还是大朋友，每天都要喝水，那你喝水的时候是用纸杯还是玻璃杯呢？如果你每天喝水的时候都是用玻璃杯，那么，你要小心喽，你很有可能会喝进玻璃！

呵呵，小朋友看到这儿，是不是很害怕呀？别怕，看完下面的这些内容，你就明白是怎么回事了。

玻璃，大家都认识，这是一种透明的、强度和硬度都很高的、不透气的物质。它最初是由火山喷出的酸性岩凝固而成。后来慢慢地出现了有色玻璃、无色玻璃等玻璃产品。随着玻璃生产的工业化和规模化，现在玻璃已经成为日常生活、生产和科学技术领域的重要材料。

如果你把一些玻璃碎末放入热的蒸馏水中，再用试纸测试一下，你就会发现溶液变成了碱性。我们都知道，蒸馏水是中性的，这就说明有部分玻璃溶解在水中了。但是，在我们用玻璃杯喝水的时候，这种溶解是非常微弱的，所以大家不必害怕，尽可以放心地去喝水。

趣味问答

舞动的小精灵——火

　　火是一种发光、放热的现象。可能一说到"火"，你就会联想到"鬼火"、火灾。在我们很小的时候，爸爸妈妈就告诉我们，火是很危险的东西，千万不要去碰它，否则就会把我们烧伤。但是，我们又不免好奇，老是想碰碰它。而这个"火"，也隐藏着许多化学知识，你想知道吗？好，那我们就一起来看看吧。

太吓人了，难道真的有"鬼火"吗？

在安徒生的童话中有一个故事叫《鬼火进城了》，中国清代文学家蒲松龄的《聊斋志异》中，也常常会谈到"鬼火"，难道这个世界上真的有"鬼火"存在吗？真的像电视中所说的，"鬼火"是死人的灵魂在那里徘徊？

当然不是，人死了，人的一切活动就都停止了，根本没有什么灵魂之说。所谓的"鬼火"，其实是磷元素在作怪，这其实是一种很普通的自然现象。

通过前面的介绍，我们知道，在人体内存在很多元素，当然也包括磷。人体的骨骼里还含有较多的磷化钙。人死后，躯体埋在地下慢慢地腐烂，含磷化合物长期被烈日灼晒、雨露淋洗后逐渐渗入土中，发生分解，生成磷化氢，这是一种无色的气体。这种气体发出一种烂鱼的味道，一旦释放到空气中，就会同空气中的氧气发生反应，燃烧起来。

"鬼火"为什么要出现在晚上呢?

其实，这种"鬼火"不管是在白天，还是在晚上，都会出现。只是白天的日光很强，根本看不见磷化氢的燃烧；而在晚上，光线很暗，所以就会看到时隐时现的"鬼火"了。

另外，"鬼火"多出现在盛夏，因为夏天的气温比较高，化学反应速度快，磷化氢很容易形成，并且发生反应。

如果在有风的时候，或者人经过时带动空气流动，"鬼火"就会跟着空气一起飘动，所以，你就会感觉它在跟着你。你快它也快，你慢它也慢。当你停下来的时候，因为没有力量带动空气了，空气就停止不动了，"鬼火"自然也就停下来了。所以，也根本不存在什么"鬼火追人"的说法。

磷让它的发现者成了大明星！

　　磷，是德国汉堡的炼金家布朗德发现的。在欧洲中世纪，盛行着炼金术，据说只要找到一种聪明的石头——哲人石，就可以点石成金。布朗德也是一个相信炼金术的人，他曾听说从尿里可以制得黄金，便用尿开始了大量的实验。

　　1669年，他在一次实验中，把砂、木炭和石灰等与尿混合，并加热蒸馏，虽然没有得到他想要的黄金，却意外地得到了一种十分美丽的物质。这种物质像蜡一样，在黑暗的小屋里闪闪发光，这神奇的蓝绿色的光芒让他十分兴奋。他发现这种光不散发热量，不引燃其他物质，是一种冷光，于是，他把这个物质称为"磷"，磷的德文意思就是"冷光"。后来，因为生计，布朗德迫于无奈，用磷进行魔术表演，结果他成了大家瞩目的"明星"。

磷可以分为白磷、黑磷和红磷。白磷又叫黄磷，是一种无色或者浅黄色、半透明的物质，活性很高，必须储存在水中，常被用于制造燃烧弹和烟幕弹。白磷在高温高压下可以转化成黑磷，黑磷的化学性质和石墨比较类似，可以导电。红磷是鲜红色粉末，无毒，经常被用于制造农药和安全火柴。

要灭火，先弄清起火原因

清楚了"鬼火"的原因后，我们再来看看日常用的火。火可以用来煮饭、取暖等。火的发明，使人类摆脱了"茹毛饮血"的时代。火可以说是我们生活不可以缺少的。

但是火也会给我们带来一定的危害。我们经常在电视或者周围听到、见到某地发生火灾，那种惊心动魄的场面实在让人害怕。火灾不仅给我们造成一定的财产损失，有时甚至会夺走我们的生命。所以，我们必须要懂得一些消防常识。大家都认为发生火灾了，一定要用水来灭火，实际上，这是不准确的。要想扑灭火，首先要弄清起火的原因。

举个例子来说，如果是酒精着火，我们就可以用水来灭火，这样效果是最好的；但是如果是汽油着火了，就千万不能使用水了，因为汽油不溶于水，只能让火势越来越旺，这时就只能采用二氧化碳或者黄沙灭火。所以在着火的时候，我们千万不要着急，不要盲目地就用水去灭火。有的时候用水去灭火，说不定火会越烧越大呢。我们一定要查清楚着火的原因，然后再选用相应的灭火材料。小朋友们千万要记住哦！

灭火器的化学原理

我们在商场、超市或者汽车，甚至家中，常常会看到灭火器的身影。灭火器的种类很多。常见的有泡沫灭火器、二氧化碳灭火器、干粉灭火器等。这些灭火器的化学原理是不同的，因此，它们所针对的对象也是不一样的。

泡沫灭火器，主要成分是碳酸氢钠和硫酸铝溶液，适用于扑灭油类、香蕉水、松香水等易燃液体失火，而不适用于易溶于水的液体失火。

二氧化碳灭火器，主要成分是液体的二氧化碳，适用于电器着火。

干粉灭火器，主要成分是碳酸氢钠等，适用于扑救可燃气体、油类和遇水燃烧等物品引起的火灾。

这些灭火器的主要化学原理就是二氧化碳不能燃烧，也不支持燃烧。

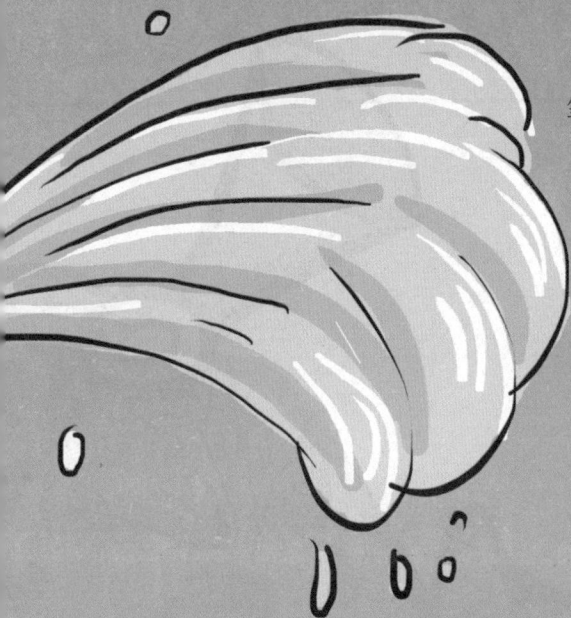

灭火器怎么使用呢？

现在，我们以泡沫灭火器为例，说一下其使用方法及灭火原理。

泡沫式灭火器内部装有碳酸氢钠溶液，中心还有一个装着硫酸铝溶液的玻璃容器。平常的时候，泡沫灭火器要正放，以防止两种溶液混合发生化学反应。发生火灾时，右手握着压把，左手托着灭火器底部，轻轻地取下灭火器。然后右手捂住喷嘴，左手执筒底边缘，把灭火器倒置过来，用劲上下晃动几下，然后对准火焰，放开喷嘴。这时，灭火器内的两种溶液混合并迅速发生反应，产生大量的二氧化碳，随着筒内的气压增大，使得二氧化碳喷射出来。因为二氧化碳是不可燃气体，它遍布可燃物周围时，就将可燃物与空气隔开，从而达到了灭火的目的。另外，二氧化碳喷出来的同时，还伴有大量的水溶液。水在温度较高的条件下，由液态变成气态，带走大量的热量，使可燃物周围的温度降低，也达到了灭火的效果。

你知道火柴的小历史吗？

一说到火，你可能很自然地会联想到小巧玲珑的火柴。火柴一擦就着，这是人们取火最简便的方法。在火柴发明之前，人们只能用钻木或者用坚硬的燧石与其他坚硬的东西相击的方法取得火种，这是多么不容易啊！

火柴最初是在意大利发明的，当时可以说它是一个"巨人"，因为这是用一根1米多长的木棒制成的，在棒的一段黏上一个用氯酸钾、糖和树胶调和起来做成的一个大疙瘩，使用时，把这个大疙瘩浸到浓硫酸中，就会燃烧起来。

后来，英国人沃克，制成了一擦即着的火柴，但是并不十分可靠。1830年，法国的索里埃又给火柴家族增添了一员，这就是摩擦火柴，这种火柴小巧轻便，很快流行起来，并一直沿用到19世纪末。

摩擦火柴储存方便，但是其最大的缺点就是容易致命。因为其头部涂有的白磷，着火点很低，在任何地方一擦就着，很不安全。

后来，瑞典人伦德斯托鲁姆用红磷代替白磷，制造出世界上第一盒安全火柴。在火柴盒两边的外面涂有由红磷、三硫化二锑、树胶以及玻璃粉等制成的摩擦面，其他的部分则放在火柴盒中。火柴头必须擦在火柴盒上才会燃烧起来。这类安全火柴至今还行销全世界。

趣味问答

糖中的
化学奥秘

又甜又脆的水果糖、软软的牛奶糖、圆圆的带有各种口味的棒棒糖，等等。说到这些，你的口水是不是又流出来了？这些一直都是我们喜爱的、甜美的食品。那么接下来，就让我们寻找一下这些甜美的食品中所蕴藏的科学吧。

是不是所有的糖都是甜的?

说起糖,你一定会很快想到食用糖,但化学上所说的糖可不仅仅指我们平常所吃的糖,而是包括淀粉、蔗糖、麦芽糖、葡萄糖等。这些都是甜味剂,其中最甜的要数果糖,其次是蔗糖。

果糖和它的名字一样,主要是在水果里。它是一种全天然的、甜味非常浓的糖类,所以不容易导致高血糖,也不易产生脂肪堆积而使人发胖,更不会产生龋齿,所以深受人们的喜爱。

蔗糖是人类食品添加剂之一,主要分布在植物体内,特别是甘蔗、甜菜等。蔗糖是含有高热量的碳水化合物,如果食用过多,会引起肥胖、动脉硬化、高血压、糖尿病等症。我们平常食用的白糖、红糖都属于蔗糖。

那么,是不是所有的糖都带有甜味呢?答案当然是否定的。比如,牛奶中所含的乳糖,就是没有甜味的糖。乳糖是儿童生长发育所不可缺少的营养物质之一,对青少年的智力发育十分重要,特别是新生儿不可缺少的物质。同时,也不能说带有甜味的就都是糖,比如甘油,虽然有甜味,但并不属于糖类。

另外,还有一种甜味物质,

就是糖精。糖精是一种白色结晶性粉末，难溶于水。它不是从糖中提炼出来的，而是以又黑又臭的煤焦油为原料制成的。糖精如果食用过量，就会对人体造成伤害，所以，千万不可多用。

水果糖并不全是水果做的

妈妈从超市给你买来各种各样的水果糖，不但外面的包装好看，而且还有各种水果的味道，什么苹果味、香蕉味、草莓味等。是不是在制糖的时候，加入了一些水果，才有这样的味道呢？

现在让我们走进制造水果糖的工厂来寻找一下答案吧。当我们走进糖果厂的时候，根本就看不到水果的影子。原来，生产商在制造水果糖的时候，只是在糖中加入了一些具有各种水果味的香精。这些香精大

多数是一些酯类化合物。比如，丁酸乙酯具有菠萝的香味，丁酸戊酯具有香蕉的香味，丁酸甲酯具有苹果香味。将这些香精加入糖果中，就制出各具不同香味的水果糖。

难道你会魔法吗，白糖怎么变成了"黑雪"？

白糖，是我们经常食用的糖类之一，是从甘蔗和甜菜中榨出的精糖，甜度很高，为乳白色结晶物，好像冬天下的白雪一样，看着非常干净。但是，我却可以立即把这包白色的糖变成一堆"黑雪"。你相信吗？不信？现在我就表演给你看。

首先，找来一个200毫升的烧杯，加入5克左右的白糖，然后再加入几滴经过加热的浓硫酸。你看到什么了？没错，白糖立即就变成了一堆蓬松的"黑雪"，还发热冒气呢，而且"黑雪"的体积还在不断增大，甚至溢出了烧杯。有意思吧？这里的奥妙是什么呢？

原来，白糖在遇到浓硫酸后，发生了一种叫"脱水"的化学反应。浓硫酸有个非常古怪的喜好，就是非常喜欢与水结合，不管什么物质中的水分它都不放过。而白糖属于碳水化合物，一遇到浓硫酸后，其中的水分就被夺走了，结果只剩下碳，而碳是黑色的，所以，白糖就变成了"黑雪"。浓硫酸还有氧化作用，它把水夺走后，依旧没有满足，又把白糖中的一部分碳氧化了，生成二氧化碳跑了出去。因为反应后的气体的跑出，使"黑雪"的体积越来越大，以至溢出烧杯变成一堆蓬松的"黑雪"。

嚼口香糖对牙齿有好处吗？

口香糖既好吃又好玩，所以深受我们的喜爱。你知道吗？口香糖是世界上最古老的糖果之一，它主要是以天然树胶或者甘油树脂为原料，使我们嚼起来有嚼劲；而其中加入的一定量的糖浆、甜味剂等，让我们在刚嚼的时候满嘴都是甜味。

最初，人们嚼口香糖的目的主要是为了取乐，慢慢地人们认识到，嚼口香糖可以使口腔清新。而在今天，口香糖的功能已经多种多样了，其中之一就是可以预防龋齿。而这也是人们喜爱口香糖的原因之一。

龋齿又叫虫牙，产生龋齿的原因是口腔中的细菌与糖分。如果龋齿不及时治疗，任其继续发展，最终就会导致牙齿的丧失。而嚼口香糖，可以刺激唾液分泌，再结合口香糖在牙齿上的摩擦作用，可以增强牙齿的清洁，减少致龋因素，从而防止龋齿。

趣味问答

永不褪色的墨迹

爸爸妈妈带你们去博物馆参观的时候，或许你会发现这样一个现象，就是有许多古代的名人字画直到今天依旧保存得非常好，有的可能已经有上千年的历史了。比如，曾备受乾隆皇帝珍爱的王羲之的字，至今仍旧保存在故宫博物院中。可能纸张已经变黄了，但是上面的墨迹却很清晰，这是为什么呢？现在，就让我们来揭开其中的谜底吧。

其中的奥妙原来在这里

墨是文房用具之一，是中国古代书写和绘画用到的材料，它的发明对世界文化作出了重要贡献。古人的字画之所以能保存千年还依旧保持原来的墨迹不变，就是因为他们使用的墨非常特别。他们所用的墨的主要原料是烟炱，实际上就是我们今天所看到的烟囱里冒出来的黑烟。烟炱的主要成分是一种比较纯的碳，它的化学性质非常稳定，如果温度正常，不受阳光和空气的影响，是不会轻易与其他的物质发生化学反应的，其颜色和性状可以长久地保持。即使在今天，也没有什么化学试剂等物质能把墨迹去除掉。这就是古人的墨迹能够保存到今天的原因。

非常有趣的墨水

在今天，我们写字的时候已经不用古时所用的块状的墨了，而是使用墨汁或者墨水。在你写作业的时候，你可能会发现这样一个现象，就是你如果用蓝黑色的墨水写字，今天写好的字都是蓝色的，但是到了第二天，你再看的时候，每个字都变成黑色的了。

这是为什么呢？

其实，这就是化学反应的结果。蓝黑色的墨水的主要成分是鞣酸亚铁。但鞣酸亚铁并不是蓝色的，也不是黑色的，而是浅绿色的。人们在制作这种墨水的时候，还会往蓝黑墨水里加入一种蓝色的有机染料。所以，你使用这种墨水时，就呈现蓝色了。当你写字的时候，蓝黑墨水中的鞣酸亚铁就与空气中的氧气发生了化学反应，变成了鞣酸铁，这种鞣酸铁是一种黑色的沉淀。所以，你写的字在第二天看的时候就变成了黑色。

很多小朋友有这样一个习惯，就是用笔抽完墨水的时候，总是忘记把墨水瓶盖好，其实很多大人有时也会这样。这样做是很不好的，因为这样会使墨水瓶里的水分很快蒸发掉，使得墨水变得越来越少；另外，蓝黑色墨水中的鞣酸亚铁与空气相接触，就会发生化学变化，在瓶中形成沉淀的鞣酸铁。这样就导致墨水瓶中出现了渣子，再用的时候，就会把笔堵住，写不出字来。所以，如果你有不盖墨水瓶盖的习惯，从现在开始，就赶紧改掉吧。

无色的墨水

　　这种墨水既不是黑色的，也不是蓝色的，更不是蓝黑色或者红色的，而是一瓶像水一样没有颜色的墨水，这是不是很神奇呢？

　　那小朋友们就会问了：没有颜色的墨水怎么能写出字呢？即使写出来了，也看不到啊！别着急，马上就告诉你其中的秘密。

　　在用这种墨水写字之前，你要首先准备好一张白纸，再用一支干净的毛笔，蘸上药用的碘酒，然后涂抹在这张

白纸上，这样白纸就变成了紫褐色。然后再把这张紫褐色的纸放在一边晾干，准备一会儿用。

现在再拿出一支洗干净的毛笔，蘸上这种无色的墨水，在刚才晾干的紫褐色的纸上写字或绘画，你就会发现，紫褐色的纸上留下了清晰而又十分特别的字或者图画。是不是很神奇呢？

其实这中间也是利用了化学的知识。这种神奇的无色墨水主要是硫代硫酸钠的浓溶液。带有5个结晶水的硫代硫酸钠晶体，人们还把它叫作大苏打。硫代硫酸钠可以与紫褐色的碘酒中的碘发生化学反应，生成无色的连四硫酸钠和碘化钠溶液。所以，紫褐色的碘最后就消失得无影无踪了。这就是奇妙的无色墨水的秘密。硫代硫酸钠还被人们充分利用在照相和环境保护等各个方面，可见它的用途是非常广泛的。

博物馆中的字画怎么不会褪色呢？

你在博物馆中可能会看到很多名贵的油画，有一些是关于雪景的，画得非常逼真，白茫茫的大雪覆盖着大地，使得万物更加生机勃勃。但是，经过了这么多年，为什么到今天，这些画中的雪还是没有变色，依旧是雪白的呢？

原来，这是经过了化学家的处理的。他们用棉花蘸上双氧水，然后轻轻地擦拭油画，白雪就由灰色变成了白色。

这里的奥妙是什么呢？原来，油画上面的白雪，是用铅盐做成的油彩画上去的。时间长了，铅盐和空气中的硫化氢气体结合，就会发生化学反应，生成灰黑色的硫化铅，这样白色的雪就变成了灰黑色。但是，用双氧水进行擦拭，它会把灰黑色的硫化铅氧化，变成白色的硫酸铅，所以白雪又恢复了原来的颜色。

穿戴中的 化学

　　我们每天早晨起来的第一件事就是穿衣服。随着生活水平的提高，衣服已经不单只有为我们防寒保暖的功能，更成为美的标志。打开你的衣柜，里面是不是有各种各样好看的衣服呢？每个小朋友都希望自己穿得漂漂亮亮的。其实，在我们这些穿戴中，也包含着一定的化学知识，而且如果不注意，就有可能对我们人体造成一定的危害。现在就让我们来看看吧。

衣服都是由一种材料制成的吗？

衣服是人体的保护者。有了衣服，我们可以避免受到细菌的污染。冬天，它可以帮助我们抵御寒冷；夏天，它可以帮助我们抵挡住吓人的太阳辐射。

衣服的样式多种多样，而制作衣服的原料也有很多。现在，我们就把它们召集到一起，来认识一下它们。

棉花和亚麻都生长在地里，它们的成分是碳水化合物。棉花曾被叫作"白色的金子"，是衣料中的积极分子。亚麻燃烧时会产生蓝色或黄色火焰，有烧枯草的味道。它吸湿性强，透气性也非常好。

皮革是经过鞣制而成的动物毛皮面料，其成分是蛋白质，多用来制作时装、冬装。穿起来轻盈保暖，而且给人的感觉是雍容华贵。

丝绸是以蚕丝为原料制成的各种丝织物的统称，品种很多。蚕丝是最漂亮的衣料之一，曾被称为纤维的"皇后"。丝绸可以被用来制作各种服装，它以柔软、透气、色彩绚丽著称。

化纤是化学纤维的简称，主要是以高分子化合物为原料制作而成的纤维纺织品，可以分为人工纤维和合成纤维两大类。其色彩鲜艳，质地柔软，滑爽舒适。

另外，衣料会议中还出现了一些特邀代表，比如人造棉、人造皮革、人造丝等。

可见，衣料的种类真是丰富多彩！

卫生球，你在和我玩躲猫猫吗？

阳春三月，妈妈总会把冬天穿的棉袄、毛衣、毛裤收到衣柜中，同时，还会放入很多卫生球，将卫生球每两三粒用软纸包起来，分别放在衣服的口袋和衣柜的四角中。因为衣柜中常常有蛀虫，它们会啃食天然纤维，损坏衣物。而卫生球是用萘制作而成，萘是从煤焦油中提炼出来的一种白色晶体物质。它散发出一种特别的味道，使蛀虫害怕。一旦它们闻到这种气味，就会逃跑。这样衣物就得以安然无恙了。

可是，到了冬天，当我们再把衣服拿出来穿的时候，那些卫生球却不见了，它们跑哪里去了呢？难道是藏起来了吗？

当然不是，这是因为萘变成了气体跑掉了。这在化学上就叫作"升华"，也就是固体不经过液态的转变而直接变成了蒸气的现象。

而卫生球中的萘并不纯净，常常带有杂质，萘升华以后，会在衣物上留下一定的黄斑。所以，为了防止弄脏衣物，在放卫生球的时候，要用纸包好。

还有一种防蛀的方法是放置樟脑丸，其道理和卫生球是一样的。

肥皂为什么能去污？

衣服弄脏了，大家都知道要浸在水中，擦点肥皂或者洗衣粉，再用清水冲洗，就干净了。但是，在这简单的洗衣服的过程中，却包含着复杂的化学反应。

一般的肥皂，其主要成分是高级脂肪酸的钠盐和钾盐。这些盐的分子，一部分具有"亲水性"，一部分具有"亲油性"。如果衣服上有了油污，将衣服浸入水中，擦上肥皂，因为肥皂既有"亲水性"，又有"亲油性"，这样就将原来互不相溶的油和水联系起来，再用清水冲洗，油污就同肥皂分子一同被洗掉了。

洗衣物的时候，可以轻轻搓洗，这样可以帮助油污与肥皂分子更好地结合，并使得肥皂液中渗入一些空气，生成大量的泡沫。泡沫表面就像有一层紧张的薄膜，既扩增了肥皂液的表面积，又使其更具有收缩力，也就是表面张力。就像孙悟空变出了许多个孙悟空，泡沫把衣物上的油污、灰尘等微粒通通地"抓"了出来，随水而去，这样衣物就干净了。

衣物上的污渍怎么除掉呢？

衣物上的污渍不同，去污的化学方法也不相同。现在，针对常见的污渍，教你几招，让你的衣物干净如初。

1.墨水渍：如果是红墨水渍，可以先用洗涤剂洗涤，然后用10%的酒精搓洗，再用清水洗净。如果是蓝黑墨水渍，刚刚染上的，立即用洗涤剂进行清洗；如果时间较长，可以先在草酸溶液中浸几分钟，使墨水中的黑色鞣酸铁还原，再用洗涤剂搓洗，污渍即可清除掉。

2. 汗渍：衣物上沾了汗渍，时间一长，就很容易出现黄斑。如果有了汗渍可以放在食盐水中浸泡一会儿，再慢慢搓洗干净。或者用水稀释过的氨水浸泡，再放在草酸溶液中洗涤。

3. 血渍：把白萝卜切成细丝，加些盐，挤出汁液，擦洗揉搓衣服，即可把血渍去除掉。如果血渍沾污的时间比较长，可以用10%的氨水或者3%的双氧水进行擦拭，过一会儿，再用冷水进行强洗。

趣味问答

为什么喝碳酸饮料会让人凉快呢?

夏天的时候,你是不是很喜欢喝冰镇的饮料,比如可乐、雪碧等,这些饮料被统称为碳酸饮料。当你把瓶盖打开的时候,就会发现里面有气泡向外冒,喝到肚子里后,随着不断地打嗝,热气很快被排出体外,顿时就有清凉之感。那么,这些碳酸饮料中的气体是什么呢? 接下来,就让我们一起来探寻其中的道理吧。

原来是二氧化碳在作怪！

在你打开汽水瓶的时候，从中冒出来的气体其实就是二氧化碳。一个二氧化碳分子是由一个碳原子和两个氧原子构成的。在常温下，二氧化碳是一种无色无味的气体。固体的二氧化碳俗称为干冰。二氧化碳也被认为是造成温室效应的主要气体。那么气态的二氧化碳是怎么被溶解在液体中的呢？

原来，在工厂生产汽水的时候，人们通过降温和加压的方法，在强大的压力下，把大量的二氧化碳直接溶入到饮料中。但是，被水溶解了的气体，当压力降低时就会恢复到气态，从液体中脱离出去。当你打开瓶盖的时候，因为外面的压力小了，二氧化碳气体便从水中逸出，所以你就会看到瓶中有气泡在翻腾。同时，二氧化碳也不喜欢温度较高的水，所以，当你把含有大量二氧化碳的饮料喝到肚子中时，随着温度的升高，它就会"生气"地跑出来，并把你身体中的一部分热量同时带了出来。这就是为什么你喝完碳酸饮料之后会不停地打嗝以及感到清凉的原因所在。

你可以在家自己制作碳酸饮料

你喜欢喝碳酸饮料吗？其实完全不用向爸爸妈妈要钱去买，你可以在家自己亲手制作。

这种碳酸饮料的原理其实就是食用柠檬酸和小苏打在水中溶解后，发生化学反应，产生二氧化碳气体。你可以把这两种物质加入到含有糖或者果汁等成分的水中，便可以制成你喜欢喝的汽水。是不是很简单呀？

其实，我们从超市中购买的很多食品中都含有二氧化碳，比如果汁、葡萄酒。在一些软饮料中，二氧化碳可以起到防腐作用，还可以起到清凉的效果。而在其他的一些食品中，二氧化碳可以影响需氧微生物对氧的利用，从而终止各种微生物的呼吸代谢，使微生物失去生存的必要条件。

但是，小朋友们，你们要注意哦，碳酸饮料虽然好喝，但是也不可以喝得太多。因为其中的酸性物质会损害牙齿的钙质，从而损害牙齿。所以，在夏天一定要控制喝汽水的数量。

二氧化碳是植物进行光合作用不可缺少的

　　大家都知道，氧气是生命中不可缺少的气体。但是，二氧化碳也是生命中不可缺少的气体，因为，二氧化碳是植物进行光合作用最重要的原料之一。

　　在一定的范围内，二氧化碳的浓度越高，植物的光合作用也就越强。所以说，二氧化碳是植物的最好肥料。美国的科学家曾在新泽西州的一个农场中，做了一个实验。他们用二氧化碳在不同作物的不同生长期进行了大量的研究，结果发现二氧化碳在农作物的生长期和成熟期起着至关重要的作用。

　　我们人类以及动物所吃的植物性、动物性食物中的有机物都是从哪里来的呢？其实都是直接或间接地由绿色植物通过光合作用制成的。另外，自然界中的各种有

机物，包括我们日常生活中见到的棉、糖以及橡胶等，都是植物通过光合作用给我们提供的。

大家都知道，人类和各种动物呼吸的时候，都是吸进氧气，呼出二氧化碳。那么为什么大气中的氧气还是很充足，二氧化碳还不是很多呢？这主要还是归功于植物的光合作用。植物在进行光合作用的时候，会把这些二氧化碳都吸收掉，生成生物所必需的葡萄糖，另外还可以生成人类和动物赖以生存的氧气。

可见，光合作用对自然界的意义是重大的，而其所需要的原料之一——二氧化碳则更为关键。

温室效应有哪些危害呢？

二氧化碳是植物进行光合作用不可缺少的原料之一，但并不是越多越好。我们可能听说过"温室效应"这个词，其实，温室效应就是因为二氧化碳过多造成的。太阳短波辐射穿过大气射向地面，而地面增暖后放出的长波辐射被大气中的二氧化碳所吸收，这样，就使大气变暖。也就是说，大气中的二氧化碳就像一层厚厚的玻璃，形成一个大暖房，把地球包围在里面。

当今人口不断增加，工业不断发展，排入大气中的二氧化碳也随之增加。再加上大量森林被砍伐，大气中被森林吸收的二氧化碳减少。所以，温室效应不断增加。

温室效应的危害是十分严重的。如果地球气温升高，会导致某些地区雨量增加，洪涝灾害严重；某些地区出现干旱，荒漠扩大。沿海城市也会受到严重危害。因为气温升高，将使两极地区的冰川融化，海平面升高，这些沿海城市将会有被海水吞没的危险。

趣味问答

为什么做菜的时候要放盐呢？

　　说起盐，大家再熟悉不过了，我们每天都要食用一定的食盐。它的化学名字叫作氯化钠，是人类食用和工业生产所不可缺少的。即使在其他方面，盐也有很多的功用。我们人体是绝对不可以缺少盐分的，否则人就会头晕、全身乏力，长期下去还会引起许多疾病。盐为什么这么重要呢？现在就带你来了解一下有关盐的知识。

这里还有一个关于海盐的美丽传说

我们所食用的盐，最早是从海水中获得的。在中国有这样一个关于海盐的传说：

很多人认为宿沙氏是海盐的生产鼻祖。远古时期，在今天的胶东半岛上居住着一个炎帝神农氏的部落。在这个部落中，有一个年轻人叫瞿

子。他从小就聪明伶俐，性格活泼，而且还非常勇敢。

有一天，在一场突如其来的狂风暴雨中，海中的恶龙夺去了瞿子的母亲和许多乡亲的性命。瞿子非常悲伤和气愤，决定要为母亲和乡亲们报仇，他要把大海煮干，把海里面的恶龙捉住。

下定这个决心以后，他每天早晨起来，就用陶罐舀来海水煮。后来，瞿子发现每次他把陶罐里的水煮干后，罐子底部总是留下一些白色、黄色和黑色等好几种颜色的颗粒。这是什么东西呢？为什么会出现这些带有颜色的颗粒呢？

后来，他再次研究后发现，煮水时的燃料不同，煮出来的颗粒的颜色也有区

别，比如，用松木柴会煮出红色的颗粒，用芦苇会煮出白色的颗粒……这些燃料在燃烧时，烟灰裹在蒸气之中后，便沉入罐子底部，形成了不同颜色的颗粒。这些颗粒虽然颜色不一样，但都带有咸涩的味道。人们便给这些颗粒起了一个名字，叫作龙沙。从此，部落的首领组织了大量的人员来专门煮海水。又过了许多年以后，这个首领的年纪大了，他就任命瞿子来接替他的职位。炎帝听说这件事后，招来瞿子详细地询问了他夙兴夜寐地煮海水的情况，并且把瞿子所在的这个部落封为夙（宿）沙氏。夙是早上的意思，宿则是晚上，就是说这个部落从早晨一直到晚上，都在辛苦地煮盐。而瞿子则被封为臣，专门负责煮制海盐。

人为什么要食用盐呢?

我们每天都要与食物打交道，而在食物中最不可缺少的材料，就是食盐。一直以来，盐在社会上都占有重要的一席之地。但是，你知道人们为什么必须要食用盐吗?

原来，食盐主要是由钠和氯两种元素组成的，而这两种元素都是我们人体所需要的。钠离子和氯离子是维持细胞外液渗透压的主要离子。在细胞外液的阳离子及阴离子中，钠离子和氯离子分别都占有很高的比例。所以，盐在维持渗透压方面起着重要的作用，影响着人体内水的动向。

正常人的血液有一个比较恒定的酸碱度，这可以使得细胞的新陈代谢正常进行。而这个恒定的酸碱度，是由血液的缓冲系统、呼吸调节和肾脏调节三个方面来维持的。在血液的缓冲系统中，主要是依靠钠离子和碳酸所形成的碳酸氢钠来起作用，而其中的一个重要成分就是钠离子。食用盐就可以

盐

获得所需要的钠离子。

　　食盐中还含有少量的钾盐，其他食物中也含有一定数量的钾盐。钾离子主要维持细胞内液的渗透压。在正常的情况下，细胞内和细胞外的电解质浓度是保持平衡的。而一旦出现平衡紊乱，人就会出现疲乏、头昏、食欲不振等症状，严重时还会虚脱。人在每天的尿液、粪便和汗液中会排出大量的钠盐和钾盐，所以需要不断地补充盐。夏季来临，人体大量出汗，盐也会大量地排出体外，所以，为了防止中暑，大人们经常会给我们喝盐水。在医院里，医生会给呕吐腹泻的患者注射生理盐水，其实都是这个道理。

　　另外，盐在维持神经和肌肉的正常兴奋性上也起着一定的作用。如果人体内的钠离子量减少，钾离子就会从细胞进入血液，从而使血液变

浓，出现尿少、皮肤变黄等症状。

可见，盐对我们人体的确是非常重要的。古时候，在荷兰、瑞典等国家，有些触犯刑律的人，会在一定时期内不准吃盐，以此来作为对他们的惩罚。

吃盐既不可以过多，也不可以过少

盐对我们的人体如此重要，我们必须每天补充一定量的盐，不能少吃，但也不等于说吃盐越多越好。过犹不及，即使对人体有益，也不能过量摄取盐。否则会使人体的体液受到破坏，从而影响到健康。

通过科学的研究表明，如果摄取的盐过多，会导致血压升高；加速动脉粥样硬化；破坏胃黏膜，诱发胃癌；加

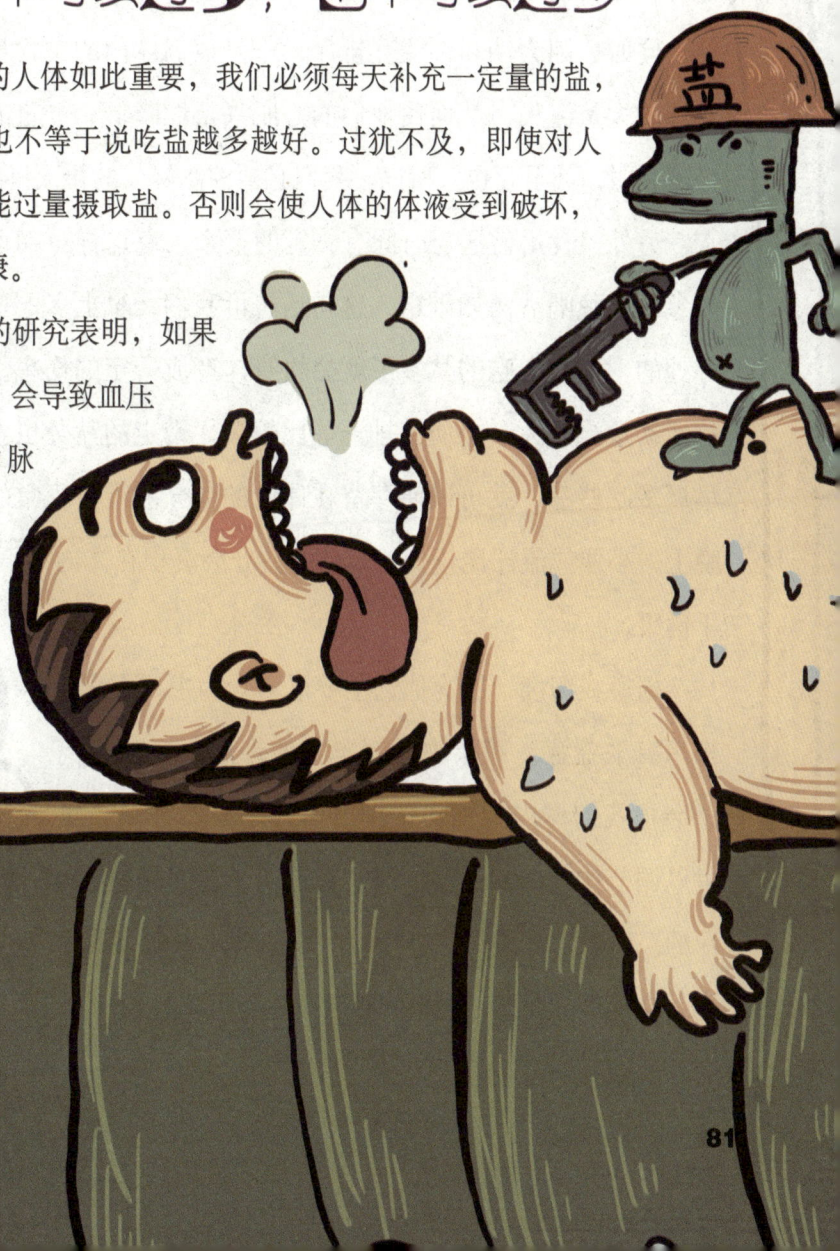

快骨钙丢失而患骨质疏松症。

特别是对于婴幼儿，食用盐过多，会使他们血液中钠的含量过高，因为其肾脏还没有达到成熟阶段，也就没有能力使血液中过多的钠排出体外，这样就给他们的肾脏造成一定的损害，而且这种损害是难以恢复的。同时，因为钠和钾相互排斥，一旦他们体内的钠含量过高，就会造成钾的大量流失，从而使他们的心肌兴奋性降低，严重的可以引起心肌极度衰弱，甚至死亡。所以，我们必须控制好盐的摄入量。

另外，食用盐还与时间有一定的关系。有这样一句话说：早喝盐汤如参汤，晚喝盐汤如砒霜。这句话告诉我们，早上多吃些盐对身体是有好处的，但晚上吃的盐多了就会给身体造成一定的伤害。因为白天我们的活动量比较大，小便、排汗等比较多，带走的盐分也就多一些，这样早晨多吃些盐，就可以使存留在体内的盐分能维持正常的生理活动；而晚上，小便或流汗比较少，多余的盐分会沉积在体内，不利于健康。

据说在印度，因为他们主要以素食为主，很多人都患有缺盐症。蔬菜中含有丰富的钾离子，而钾离子会把我们体内的钠离子排出体外。虽然钾离子也可以调节体内的渗透压，但它与钠离子之间是相互排斥的。所以，如果只吃富含钾的蔬菜，体内就会缺少钠。这也告诉我们，吃饭的时候千万不可以挑食。

盐的用处都是什么呢？

盐是人们的必需品，如果没有盐，即使吃山珍海味也如同嚼蜡。盐不仅仅是调味品，更是维持人体正常发育所不可缺少的物质。它不仅在厨房这块方寸天地施展着不可替代的作用，在其他方面也有着神奇的功效。

我们玩耍时，经常会不小心把手弄破，如果伤口不是很大，就可以用凉开水加一点盐来清洗伤口，然后，撒一些消炎粉，并用纱布包好，这样伤口就不会发炎感染，而且能够快速愈合，愈合后也不会留下疤痕。

夏天的时候，天气比较热，买来的一些鱼肉，很容易变质腐烂，这时我们就可以请盐来帮忙。可以用食盐腌渍食物，这样细菌就不易繁殖，食物也就不容易变质。

每天在饭后坚持用淡盐水漱口，不但可以防止口腔疾病的发生，还可以治愈口腔炎症。盐还能预防喉咙干燥和发哑。另外，当我们精神疲劳的时候，也可以饮用一杯淡的盐水振作精神。

因为盐的产量丰富，价格也不高，所以被充分地运用在工业上，另外，在医药上还可以作为生理盐水。如果你在生活中细心地观察，就会发现盐的妙用还真的不少呢。

豆腐中怎么还放"毒药"呢？

你喜欢吃豆腐吗？
那白白的、嫩嫩的豆腐，
一见就让人产生了食欲。豆
腐已经有很多年的历史了，
世界各地的人们都喜欢吃豆
腐，都会竖起大拇指称赞其是美味食
品。那么，你知道豆腐是怎么制作出来
的吗？为什么在制作豆腐时只有放入卤
水这种"毒药"才能做成呢？

豆腐制作的由来

豆腐的制作技术是由中国发明的。公元前164年，汉高祖刘邦的孙子刘安被封为淮南王，建都寿春。据说刘安好道，为了求得长生不老之药，在八公山下召集术士门客，燃起炉火，取山中"珍珠""大泉""马跑"三泉清冽之水，试图用黄豆研浆和盐卤同炼"仙丹"。但是，没有料到，"仙丹"未炼成，黄豆汁和盐卤却化合成了芳香诱人、白白嫩嫩的东西。当地胆大的农夫取而食之，竟然美味可口，就取名叫作"豆腐"。这种偶然的发现，使豆腐成了

宫廷、民间喜爱的食品。北山从此更名"八公山"，刘安也于无意中成为豆腐的老祖宗。

唐代天宝年间，鉴真和尚东渡日本后，把豆腐的制作技术也带到了日本，所以，日本的豆腐业一直把鉴真当作豆腐制作的祖师。宋朝的时候，豆腐传到了朝鲜。19世纪初，又传到了欧洲、非洲和北美洲，逐渐成了世界性的食品。

豆腐到底是怎么被制作出来的呢?

制作豆腐的过程其实并不复杂。豆腐的原料主要是黄豆。首先把黄豆洗净后放在水中浸泡，使黄豆胀起来，然后连水带豆一起磨成豆浆，再用特制的布袋把磨好的浆液装好，扎好袋口，用力挤压，把豆浆榨出布袋。一般情况下，榨浆可以榨两次。在榨完第一次后，把袋口打开，加入清水，再扎好袋口，进行第二次榨浆。豆浆榨好之后，就放入锅内将其煮沸。在煮的时候，要用勺子把上面漂浮的泡沫撇去。一定要注意煮的时间和温度。接着，就需要进行点卤凝固了。在煮好的豆浆中加入盐卤时要注意，盐卤不能多也不能少，点多了豆腐就会有苦味，点少了豆腐就凝固不好，所以，要一点一点地往豆浆里滴。很快，就有许多白白的豆腐花析出来了。

在豆腐花凝结好之后，用勺子把其轻轻地舀在铺好布的木盆或者其他的容器中。盛满之后，用布把豆腐花包好，盖上木板，进行压制，大约10至20分钟后，鲜嫩可口的豆腐就做成了。

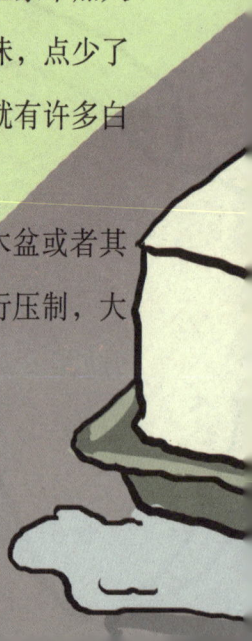

什么是盐卤?

　　盐卤又叫苦卤、卤碱，主要的成分有氯化镁、硫酸钙、氯化钙以及氯化钠等。它是由海水或者盐湖水在制作盐之后，残留在盐池里的母液，味苦，有毒。盐卤对皮肤和黏膜都有很强的刺激作用，对中枢神经系统也有一定的抑制作用。盐卤蒸发冷却后会析出氯化镁结晶，被称为卤块。卤块溶于水后就成了卤水，也就是做豆腐时用的凝固剂。

　　盐卤中有很多钙、镁等金属离子，虽然它们都不是有毒的物质，但能使人体内的蛋白质凝固。因此，如果人喝多了盐卤，就会有生命危险。

豆腐中怎么还放"毒药"？

88

豆腐中怎么还放盐卤这种"毒药"呢?

卤水是一种毒药。那我们做豆腐的时候,为什么还要放它呢?

这要从豆腐的原料黄豆说起。黄豆的化学成分主要是蛋白质。蛋白质是由氨基酸构成的高分子化合物,在蛋白质的表面上,带有自由的羧基和氨基。因为这些基团对水的作用,使得蛋白质颗粒的表面上形成一层带有相同电荷的胶体物质,因为同性电荷互相排斥,使颗粒不会因碰撞而黏结下沉。

点卤的时候,因为盐卤是电解质,它们在水里会分解成许多带电的小颗粒——正离子和负离子。这些离子发生作用,夺取了黄豆所含的蛋白质的水膜,以至于没有足够的水来溶解蛋白质。同时,盐的正负离子

抑制了蛋白质表面所带电荷的斥力，这样就使蛋白质的溶解度降低，使得蛋白质相互凝聚沉淀。这时，豆浆里就出现了许多白白的豆腐花了。

因为做豆腐主要是让蛋白质发生凝聚，所采用的凝胶剂就不仅仅是盐卤。现在，在豆腐坊，有的也会采用石膏点卤，其作用和道理是相同的。

豆腐真的是不一般啊！

豆腐，是餐桌上的美味佳肴，几乎每个人都爱吃。菜里的砂锅豆腐、麻婆豆腐等，豆制品中的豆腐丝、豆腐干等，花样可真多啊！豆腐不但营养丰富，还具有医疗保健的作用。

豆腐的原料——大豆，素有"绿色乳牛""营养之花"的美称，它含有丰富的蛋白质以及含量较高的脂肪，还有人体必需的8种氨基酸。大豆是植物，不含胆固醇，这也是豆类蛋白比肉类蛋白更有利于健康的原因之一。所以常吃豆腐，可以降低血液中的胆固醇含量，减少患动脉硬化的机会。滑嫩的豆腐中还含有丰富的大豆磷脂，这是生命的重要组成部分，能够维持人体的正常活动和新陈代谢。

大豆蛋白经过水分解后能够产生具有抗氧化、降血压以及提高免疫力作用的多肽。多肽具有降低高血压、防止冠心病、

豆腐中有哪些营养？？？

90

降低血糖的功效。另外，经常食用豆腐还可以对神经衰弱和体质虚弱的人有一定的裨益。

豆腐可以和菠菜煮在一起吗？

豆腐虽好，但也不能天天吃。通过上面的介绍，我们知道豆腐中含有丰富的蛋白质，如果食用过多，会抑制人体对铁的吸收，容易引起蛋白质消化不良，从而出现腹胀、腹泻等症状。

另外，豆腐还不可以与菠菜一同食用。菠菜营养丰富，有"蔬菜之王"的美称，含有很多草酸。而豆腐中含有丰富的钙质，如果两者一起进入体内，就会在人体内发生化学反应，生成不溶性的草酸钙。草酸钙等难溶性的钙盐沉积就会形成结石，所以，最好不要把菠菜与豆腐一起做着吃。

豆腐能和菠菜煮在一起吃吗？

油条中的那些
小孔是谁弄的？

油条是很多人早餐的主食，吃起来美味可口。每当站在炸油条的小摊前，总会感到香气扑鼻。许多人都非常喜欢吃油条，它更受到小朋友们的欢迎。但是，大人们却告诉我们，这类的东西不可以多吃，这是为什么呢？

哦，原来油条还和秦桧有关

油条以前叫"油炸桧"，说到这儿，在古时还流传着一个关于油条的小故事。

在中国的《宋史》中有这样的记载：在南宋高宗绍兴十一年，卖国贼秦桧和他的老婆王氏定下了毒计，以"莫须有"的罪名把精忠报国的岳飞杀死在临安的风波亭里。消息传开后，老百姓个个愤怒不已，酒楼茶馆，街头巷尾，都在谈论这件事。

当时，在风波亭附近有两个卖早点的摊贩，一家卖芝麻葱烧饼，另一家卖油炸糯米团。两个人听到秦桧害死岳飞的事情后，都非常气愤，各自抓起面团，分别捏了形如秦桧和王氏的两个面人，绞在一起放入油锅里炸，他们一面炸面人，一面还叫着："大家来看油炸桧！大家来看油炸桧！"买早点的人一听，心里也明白了怎么回事，便也跟着喊起来："吃油炸桧！吃油炸桧！"为了发泄心中的愤恨，人们争相效仿。百姓们最初吃"油炸桧"是为了解气，后来发现这种食品味道很好，价格也不高，所以吃的人也越来越多。人们看到"油炸桧"长长的，就叫它"油条"。从此，油条这一食品就出现在了各地的餐桌上。

油条是怎么做出来的？

要想做好油条，首先是要把面粉发酵好。取一定量的

面粉，放入一些酵母，然后用水和好发酵。在发酵的过程中，因为酵母菌在面团里繁殖分泌酵素，使一小部分淀粉变成了葡萄糖。葡萄糖又变成了乙醇，并产生二氧化碳，同时，还产生了有机酸类，这些有机酸与乙醇反应生成了具有香味的酯类。

反应产生的二氧化碳气体会使面团产生许多小孔并且膨胀起来，这也就是我们为什么会在油条中看到许多小孔。而有机酸会使面团具有酸味。所以面团发酵好之后，要加入适量的纯碱、食盐和明矾再糅合，这样就会把多余的有机酸中和掉，同时产生二氧化碳，使面团进一步膨胀起来。纯碱在水的作用下发生了反应，生成氢氧化铝（也叫矾花），这种胶状物质，使面团松软。在面团中加入食盐，会增加面团的韧性和筋力，便于油条的成形。

取一小块面团放在案板上，拉成条状物，每

两条上下叠好，用竹筷在中间压实、压紧，双手轻捏两头，旋转拉长后放入油锅里去炸，因为有二氧化碳的生成，炸出的油条就更加疏松。经过这一过程，又酥又脆、又黄又香的油条就炸好了。

这时，可能有人会担心，碱和水反应后生成的氢氧化钠不是留在油条里了吗？含有如此的强碱，油条吃起来怎么能可口呢？这就是其巧妙之处。当面团里出现了氢氧化钠之后，加入的明矾就会和它起反应，形成氢氧化铝。氢氧化铝的凝胶液或干燥凝胶，可以中和胃酸，所以，大家完全可以放心地食用。

油条虽好，但千万不可以多吃啊！

与豆腐一样，任何好吃的东西我们也不可以多吃。在上面的制作方法中，我们知道，为了让炸出的油条更加蓬松、香脆，很多人会在其中加入明矾。

明矾，化学名叫做十二水合硫酸铝钾，又被称为白矾、钾矾等，为无色的立方晶体，是含有结晶水的硫酸钾和硫酸铝的复盐，外表常呈八面体。明矾性味比较酸涩，寒，有毒，具有抗菌和收敛作用。中医上经常用明矾来治疗高脂血症、十二指肠溃疡、肺结核咯血等疾病。

明矾是含铝的无机物，如果经常过量食用，会使大量的有害物质沉积在人体的器官中，使人的骨质变得松软，贫血，记忆力减退，影响神经细胞的发育，同时会加速人体的老化，还会引发老年痴呆症。所以我们要尽量少吃油条。

不能多吃……

馒头中怎么有那么多小房子呢？

馒头也是大家常吃的食品之一。当你切开一个馒头的时候，有没有发现里面有许多小洞，就像一间间小房子一样。你知道这是怎么形成的吗？这个问题我们可以从做馒头的方法中寻找答案。

其实，馒头的做法和油条的做法基本上是类似的。首先，在面粉中放上酵母和盐，再用水和匀后进行发酵。同样，酵母遇到潮湿的面团，迅速把面粉中的淀粉分解成葡萄糖和二氧化碳气体。这些二氧化碳气体很想从面团中跑出来，但黏韧的面团阻止了它们。结果使里面的二氧化碳气体越来越多，把面团顶了起来，结果面团就发胖了。

当面团做成一个个馒头，放到锅上蒸的时候，馒头内的二氧化碳气体受热膨胀，最后终于从膨胀的面团中跑了出来，所以，在馒头中留下了无数个小房子。

趣味问答

体温计打碎后,
一定要小心处理?

在日常生活中,体温计是必不可少的。我们生病发烧的时候,妈妈或者医生常常会拿出一个体温计给我们测量体温。体温计的工作物质就是水银。现在我们用得最多的就是玻璃体温计,但玻璃本身容易破碎,里面的水银又是一种有毒的物质。一旦把体温计打破了,千万要小心处理。

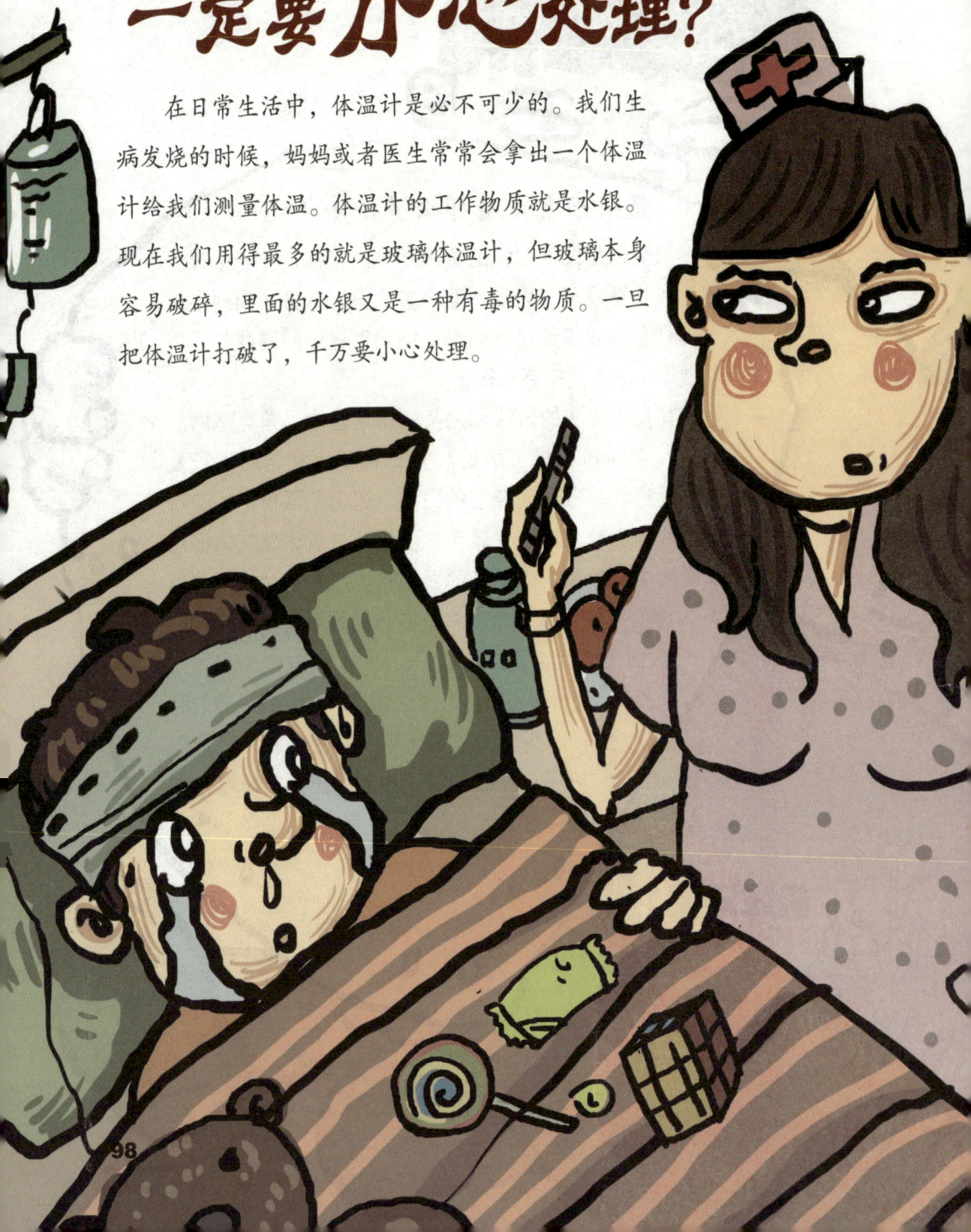

让我们先认识一下水银

体温计里面装的就是水银，也就是化学元素汞，呈银白色。这是在常温下唯一一种呈液态的金属，它的化学符号来源于拉丁文，原意即是"液态银"。汞元素以单质形态存在于自然界，同时以化合物的形态存在于辰砂、甘汞、氯硫汞矿以及其他几种矿中。通常采用焙烧辰砂和冷凝汞蒸气的方法来制取汞，它主要被用在科学仪器、汞锅炉等上面。

汞的导热性很差，但导电性非常好，是电池、采矿等行业常用的重金属之一。纯汞是有毒的，纯汞最大的危险就是它很容易被氧化生成

有很强毒性的氧化汞。同时纯汞一旦进入生物体内，很难被排出体外，所以它是一种很危险的污染物。

"水妖湖"的传说

在欧洲卡顿山区曾发现一个神奇的湖泊。银白色的湖水清澈明亮，四周景色优美，湖面上还不断地冒出微蓝色的气体，仿佛仙境一样。很多人禁不住跑到这个湖里，但是奇怪的事情发生了，有很多人去了湖里，却没有回来。所以，人们把这个湖称为"水妖湖"，说这个湖中有杀人的妖怪。

很多年以后，这个山区来了一位画家，听了"水妖湖"的故事以后，因为好奇心的驱使，决定冒险去看一下。

一天早晨，他出

发到达目的地后，登高远望，的确，这真是一幅优美的
风景画。尽管满山寸草未生，但风景依旧奇丽。画家非常兴奋，赶紧拿
出画板进行绘画。几个小时过后，画家的初稿刚刚完成，便觉得一阵恶
心、头晕、呼吸急促。他立刻意识到可能会发生意外，便匆匆地拿好画
板与画稿，逃似的离开了这个漂亮的湖泊。回去后，他生了一场很重的
病，几乎丢掉了性命。但他始终没有弄明白其中的缘由。

后来，他去拜访了一位地质学家，把"水妖湖"的事情讲给这位地质学家听，并把自己所画的画稿拿出来让他看。地质学家也被这美丽的景色迷住了，但为什么这个湖会致命，他一时还无法解释。

后来，这位地质学家在用显微镜研究硫化汞矿石时，突然想到画家所画的那幅画，猜想那画中的红石头会不会是硫化汞矿石？那银白色的湖水会不会是硫化汞分解而产生的汞（也就是水银）呢？蓝色的微光是不是汞蒸气的光芒呢？

带着这些问题，地质学家戴着面具对"水妖湖"进行了考察，结果证明了他的猜想是正确的。在卡顿深山里有一个巨大的硫化汞矿，经过分解，形成了所谓的"水妖湖"。许多人之所以在湖中会死去，就是被湖上所散发的高浓度的水银蒸气毒死的。

小心不要让水银伤害到你

体温计中装的就是水银。当体温计打碎后，里面的水银就会蒸发，很可能被人们吸进体内。水银是毒性最强的重金属之一。科学家们发现，水银具有神经毒性，一旦被人体吸收，就会伤害到大脑和神经系统，此外对内分泌系统、免疫系统也会造成不良的影响，同时还能对心脏造成长久的伤害。

水银的吸附性非常好，在蒸发时很容易被墙壁和衣物等吸附，从而不断地污染空气。当吸入的量比较少时，对身体不会造成什么大的危害，但如果长期大量吸入，则会造成水银中毒。

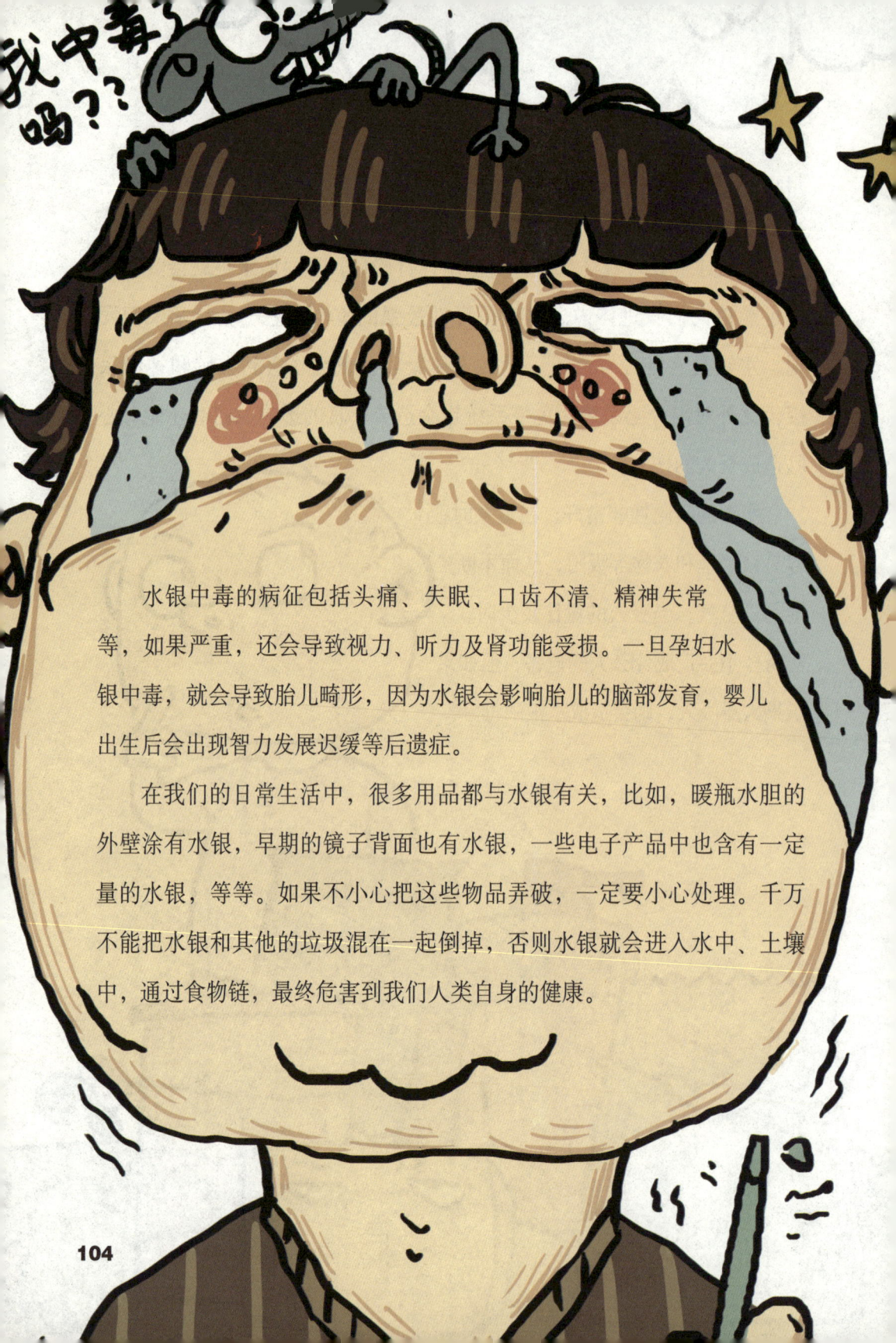

水银中毒的病征包括头痛、失眠、口齿不清、精神失常等，如果严重，还会导致视力、听力及肾功能受损。一旦孕妇水银中毒，就会导致胎儿畸形，因为水银会影响胎儿的脑部发育，婴儿出生后会出现智力发展迟缓等后遗症。

在我们的日常生活中，很多用品都与水银有关，比如，暖瓶水胆的外壁涂有水银，早期的镜子背面也有水银，一些电子产品中也含有一定量的水银，等等。如果不小心把这些物品弄破，一定要小心处理。千万不能把水银和其他的垃圾混在一起倒掉，否则水银就会进入水中、土壤中，通过食物链，最终危害到我们人类自身的健康。

趣味问答

为什么镜子会银光闪闪呢?

　　生活中离不开镜子,银光闪闪的玻璃镜子可以清晰地照出一切。你是否注意到,镜子的背面涂了一层什么东西呢?有人说是涂了一层水银。镜子最早是由威尼斯人制成的。那时是先往玻璃上紧紧地贴上一张锡箔,然后倒上水银。水银是液态金属,可以溶解锡,生成一种黏稠的银白色液体,也就是锡汞齐,紧紧地贴在玻璃上,一面闪亮的镜子就这样诞生了。但是,这种涂水银的镜子反射光线的能力并不是很强,制作需要的时间又长,大约需要一个月才能完成,而且水银带有毒性。后来这种方法就被淘汰了。现在的镜子,背面涂了一层薄薄的银。在硝酸银的氨水溶液中加入葡萄糖水,葡萄糖把看不见的银离子还原成银单质,沉积在玻璃上,最后再刷一层红色的保护漆,以防止银层剥落,这样银镜就做好了。

晶莹多彩的玻璃

在日常生活中，到处都能看到玻璃的身影，玻璃窗、穿衣镜、玻璃杯、眼镜、玻璃工艺品等。试想一下，如果没有玻璃，世界将会变成什么样子？我们住的房屋门窗没有了玻璃，阳光照射不进来，屋子里黑洞洞的，是不是很可怕？玻璃在我们的生活中占有非常重要的位置。现在，就带你了解一下有关玻璃的化学知识。

玻璃是谁发现的?

据说，玻璃是古代腓尼基商人偶然发现的。一天，一艘运载天然碱的腓尼基大商船到达了地中海沿岸的贝鲁斯河河口，但大船走到离河口不远的一片美丽的沙洲时便搁浅了。无奈之下，他们只能就近抛锚，在沙滩上过夜。他们用碱块当石头，垒起了炉灶，烧火做饭。当他们吃完饭收拾餐具准备回船时，突然发现一个奇妙的现象：沙滩上有一些闪闪发光的、明珠似的东西。其实，这是在烧火做饭时，支撑锅的碱块在高温下和地上的石英砂发生了化学反应，形成了玻璃。

玻璃是石头做的吗？

上面这个传说也告诉我们，玻璃是以石英砂为主要原料熔融而成的。石英砂是石英砂岩经过破碎加工而成的石英颗粒，它的化学成分是二氧化硅。二氧化硅的熔点很高，加入纯碱可以降低石英砂的熔点，而且能降低玻璃的黏度，使熔浆容易流动。工人用这种黏稠的液态玻璃或者将其灌入模具中制成平板玻璃，或者用吹制的方法制成各种容器，或者在其中添加不同的物质（着色剂），制成有色玻璃。因此，可以说，玻璃是用石头做的。

我们看到有些汽水瓶、啤酒瓶等的玻璃是带有绿色的，这是怎么回事呢？这主要是制造玻璃的原料中含有的杂质，也就是绿色的二价铁离子造成的。要想制造出不带颜色的玻璃，就必须去除原料中的杂质。其化学办法是：在玻璃熔浆中加入一定比例的二氧化锰。二氧化锰是一种氧化剂，可以把二价铁离子氧化成黄色的三价铁离子，而锰元素变成了紫色的三价锰离子。黄色和紫色相结合，玻璃就变成无色透明的了。玻

三价铁离子

二氧化硅

璃中含有不同的金属化合物，玻璃就会变成各种颜色，比如加入适量的氧化钴能使玻璃变成蓝色；加入氧化亚铜，可以使玻璃变成红色。所以我们这个世界上就有了五光十色的玻璃。

防弹玻璃为什么能防弹？

在生活中，还可能会用到一种特殊的玻璃，就是防弹玻璃。制作防弹玻璃的原料有很多，人们经常根据不同的需要，采用不同的原料来制作。

二氧化硅
二氧化锰

硅

二氧化锰

防弹玻璃实际上是用透明胶合材料将多片玻璃和高强度有机板材黏结到一起制成的。子弹很容易会击穿外面的一层玻璃，但坚固的有机板材会在子弹击穿玻璃内层之前就阻止子弹的运动。所以防弹玻璃可以防弹。

　　现在很多地方都安置了一种特殊的防弹玻璃——单向防弹玻璃。这种防弹玻璃一般被制成两层：外部易碎的一层和里面柔韧的一层。子弹容易击穿外面的一层，这时会被吸收一些动能，并且在一个较大的区域进行传播。当减慢的子弹击中里面柔韧的一层时，它就被挡住了。但如果子弹从里面向外射，就会先击穿柔韧的一层，这是因为子弹的能量都集中在了一个很小的区域，易碎的一层也同时向外碎裂，而且不妨碍子弹的前进。

有机玻璃是玻璃吗？

有机玻璃大家可能都见过，乍看起来，它与普通的玻璃好像没有什么两样，但实际上它们是完全不同的。

普通玻璃是用硅酸盐制成的，而有机玻璃的"父母"却是丙酮、甲醇、硫酸和氰化钠。有机玻璃的学名叫作聚甲基丙烯酸甲酯，这个名字叫起来非常别扭，因为它是人工合成的一种高分子聚合物，所以人们就笼统地把它叫作有机玻璃。它也是迄今为止合成透明材料中性能质量最优异的。

有机玻璃的韧性是其他玻璃无法比拟的。1931年，有机玻璃首先在飞机工业上得到应用，用作飞机座舱罩和挡风玻璃。

有机玻璃有一个"特异功能"：一条弯曲的有机玻璃棒，只要弯度在48°以内，光线就能沿着它，就像水通过水管一样投射过来。光线还能走弯路，有意思吧！利用这个性能，人们制造出外科传光玻璃仪器，给外科医生做手术提供了很大方便。如用有机玻璃制成的胃镜，医生在体外就可以给病人检查胃壁病理，不用担心看不清楚胃里面的情况。

有机玻璃还有一个绝妙的用处，就是制作人工角膜。这是因为有机玻璃的透光性好，化学性质稳定，对人体没有伤害，容易加工成所需要的形状，可以长期与人眼相容。现在，用有机玻璃制成的人工角膜已经被用于临床。

趣味问答

警察是怎样找到罪犯的指纹的?

　　在电影中经常会看到一些大侦探利用指纹破案的情景。在现实生活中，警察同样可以根据现场留下的蛛丝马迹找出真凶，指纹就是经常被用到的痕迹之一。指纹也可以说是人们与生俱来的一个独特的身份证明。在一些案件中，罪犯留下的指纹可能很多，但有些很难用肉眼看到，那么警察是怎么发现指纹的呢?

怎样让指纹显示出来?

利用指纹破案是警察在办案过程中必然会用到的手段之一。那么，怎么样才能让那些指纹显示得更加清晰一些呢？如何获取指纹呢？其实原理很简单，现在我们就来亲自试验一下。

首先拿出一张白纸，在上面用手指按一下，然后把印有你手指纹的地方对准装有少量碘的试管口，试管底部用酒精灯加热。慢慢地，试管中就会升华出紫色的碘蒸气，当它与纸接触后，刚刚按在纸上的手指印就渐渐地显示出来了，而且是一个十分清晰的棕色指纹。

如果把这张纸收藏起来，过了几个月之后，你再拿出来按照上述的方法去做，得到的结果仍然是相同的。

这是为什么呢？

原因是每个人的手指上总是会有一些油脂和汗水。当你将手指按在纸上的时候，那些油脂和汗水就留在了纸面上，只不过用人的肉眼是很难看出来的。因为碘受热后，很快会开始升华，变成紫色的蒸气。当我们把这张印有指纹的纸放在装有碘的试管口时，纸上手指印中的油脂会溶解这些碘蒸气，使指纹清晰地显示出来了。

罪犯会留下哪些指纹呢？

每个人的指纹都是不一样的，即使表皮被磨损或者被烧伤，愈合后的新生表面的纹路仍旧和原来是一样的。世界上没有两片完全一样的树叶，指纹也是一样，没有两个人的指纹是完全相同的。所以，指纹能被警察用来破案。

一般来说，罪犯在犯罪现场留下的指纹主要有三种：第一种是明显指纹，这是用人的肉眼就可以看到的，比如罪犯的手上沾了一些墨水、血迹等；第二种是成形指纹，比如罪犯的指纹留在了黏土、蜡烛等一些柔软的物体上；第三种就是潜在指纹，用肉眼是看不到的，需要采用一些特别的方法以及一些化学试剂处理之后才能显现出来，比如我们前面讲到的方法等。

关于人的指纹

人的皮肤是由表皮、真皮和皮下组织三部分组成的。指纹是指人的手指末端正面皮肤上凹凸不平的纹线。每个人的指纹都各不相同。一般来说，指纹在胎儿的第三四个月开始产生，到六个月左右的时候就已经成形了。即使是长大成人，指纹的形状特征也不会改变，只不过是放大增粗一些。

现在伸出你的手，好好地观察一下，就会发现五个手指的指纹是各不相同的。指纹一般有三种：斗形、弓形和箕形。有螺旋纹线或者同心圆，看上去就像是水中的旋涡一样，这样的指纹叫作斗形纹；纹形像弓似的指纹叫作弓形纹；纹线一边是开口的，像簸箕一样，这样的指纹叫作箕形纹。每个人的指纹的纹形的多少和长短都是不同的。正是因为指纹具有终身不变形、唯一性以及方便性等特点，现在几乎成为生物特征识别的代名词。

获取指纹还有其他的化学方法

只要是罪犯被警察抓住，就会留下指纹备案。就好像我们上学的时候，需要留下我们个人的基本资料一样。以后一旦再有类似的案件发生，警察就可以根据现场留下的指纹和已经储存在数据库中的指纹来进行比对。可以说，指纹为警察破案立下了不可磨灭的战功。

罪犯在现场留下的指纹除了用上面所说的碘来获得以外，还可以利用硝酸银法、荧光试剂法以及宁海得林法来获取。

　　硝酸银法，利用硝酸银溶液与潜在的指纹中的氯化钠发生化学反应后，在阳光下产生黑色的指纹。

　　荧光试剂法，荧光胺与邻苯二甲醛马上可以和指纹残留物中的蛋白质或氨基酸发生反应，从而产生高荧光性的指纹。这种试剂可以用在彩色的物品表面上，而且需要的时间很短。

　　宁海得林法，把宁海得林试剂喷在检体上，它会与身体分泌物的氨基酸发生反应，从而呈现出紫色的指纹。

什么是DNA指纹技术？

每个人的身上都有一套独一无二的遗传密码，这些遗传密码记录了人成长过程中的所有信息。而这些密码就是由DNA分子构成的。而DNA指纹在打击犯罪方面，具有非常大的优越性。

DNA指纹转换成数字存储在电脑中，比单纯的指纹存储更加方便，而且节省了大量的记忆空间，缩短了查询的比对时间。所以，要是用电脑来处理DNA指纹档案，即使一些刑事案件毫无线索，只要能在犯罪现场找到罪犯遗留的任何生物物证，鉴定其DNA指纹，就可以迅速地在电脑档案中找出罪犯。DNA指纹存在于身上的每一个角落，即使只剩下身上的一块肉或者一块骨头，DNA指纹仍然存在。特别是在一些飞机失事或者火灾案件中，哪怕尸体只剩下一些残骸，分析其DNA指纹，仍旧可以准确无误地确定其身份。

铁为什么会生锈？

铁的确是个好东西，它在我们的生活中帮了很多的忙，做饭时用到的铁锅、铁铲，军事上的铁甲车、铁甲舰，建筑方面的铁桥、铁塔……这些都是用铁做成的。可见，铁的用途是非常广的。但是，铁却有一个缺点，就是它很爱生锈。你知道铁为什么会生锈吗？这个铁锈又是什么呢？

我可不信，铁怎么还能比黄金贵呢？

铁是人类现代生活和生产中应用最广泛、需求量最大的金属材料。但是天然的铁是非常稀少的。人类最早使用的铁可能是来源于陨石。铁极易被氧化，所以古代制造的铁器能够保存到今天的很少。大约在5000年以前，铁是非常昂贵的，价格要比黄金高出许多，人们经常会在黄金中镶嵌一些铁制的饰物。

对于金、银、铜，各大洲的人们知道的时间大致是相同的，但对于铁的了解却有很大的差别。埃及、美索不达米亚大约是在公元前2000年以前从矿石中提炼出铁的；外高加索、小亚细亚、古希腊以及印度大约是在公元前2000年之后发现了铁。而中国，则要晚很多，大约是在公元前1000年以后才发现铁。新大陆的国家的铁器时代则是随着欧洲人的到达才开始的。非洲部落则越过了青铜时代，直接使用铁器。各个国家之所以存在着这样的差别，主要是因为自然条件的不同。有些国家，因为铜和锡等一些自然资源稀少，就出现了寻找这些金属的代替品的要求。美洲是拥有着世界

最大资源——天然铜的地区之一，所以它就没有必要去寻找新的金属。

铁是怎样被炼成的?

自从人类进入铁器时代，铁就成为划时代的代表，那么铁到底是怎样被炼出来的呢?

炼铁的过程实质上就是将铁从矿石等含铁的化合物中还原出来的过程。炼铁的方法主要有直接还原法、高炉法以及熔融还原法等。

现代炼铁的主要原料是铁矿石、石灰石、焦炭和空气。将这些物质按照一定的比例投入到一种特制的高炉中。在高炉中，焦炭和空气中的氧气结合，反应生成一氧化碳。

一氧化碳有一个非常特殊的本领，就是可以从别的物质中夺

取氧，它把本来与铁结合的氧夺走后，与之反应生成二氧化碳气体，并从高炉的炉顶上排出。铁因为失去了氧，经受不住高炉内高温的冶炼，于是就变成铁水从高炉下端的出铁口流了出来。铁矿石中的脉石、焦炭与加入炉内的石灰石等熔剂反应生成炉渣，从出渣口排出。这样，流出来的铁水再经过冷却就形成了固态的铁。这就是炼铁的整个过程。

但是，纯铁是很软的金属，既不能做刀枪，也不可能铸铁锅等，所以在使用上受到了一定的限制。但是当纯铁中含有一定量的碳后，就可以制作各种铁器了。这时候的铁就是我们通常在各个方面使用的钢铁。

铁为什么要生锈呢?

人们常常把贵重的东西放到保险柜中。黄金在保险柜中躺上几千年，可以分毫不差。但是铁却不行，即使在保险柜中，也会被"偷"

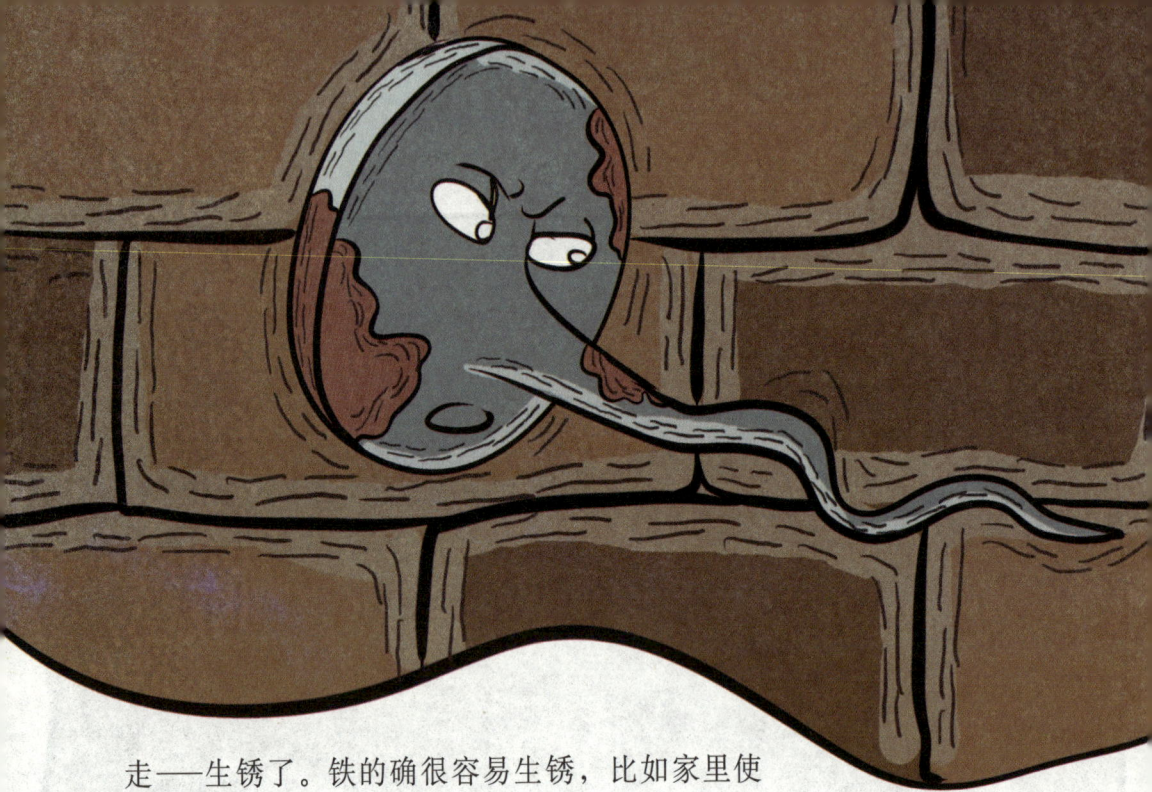

走——生锈了。铁的确很容易生锈，比如家里使用的菜刀，如果长时间搁置不用，其表面上往往就会锈迹斑斑。而世界上每年也有几千万吨的钢铁，变成了铁锈。

我们来做个实验吧，看看铁为什么会生锈。

首先，找来两根干净的铁钉，把它们分别放在两个杯子中。然后往其中的一个杯子中加入适量的自来水，让铁钉的一部分浸入水中，另一部分则暴露在空气中。向另一个杯子中加入刚刚烧开并迅速冷却的水，把杯子用盖子盖好。

过几天后，你观察一下，放入自来水中的那个铁钉，在水中的部分已经生锈。而另一个杯子中的铁钉几乎还和原来一样。可见，铁容易生锈，除了由于它的化学性质活泼以外，与外界的条件也有极大的关系。水分就是使铁生锈的条件之一，当空气中的氧气溶在水里时，铁就会生锈。

在上述的实验中，靠近水的部分与空气的距离最近，水中所溶解的

氧气也最多，所以铁钉就容易生锈。可见，潮湿的环境是铁生锈的罪魁祸首。

铁锈是一种棕红色的混合物，工业上称为氧化铁红，成分很复杂，主要是氧化铁、氢氧化铁与碱式碳酸铁等。它不像铁那样坚硬，很容易脱落。但铁锈并不是一无是处，它可以做玻璃、宝石及金属的抛光剂，还可以回炉炼制生铁。

另外，还有很多因素容易使铁生锈。比如空气中的二氧化碳溶在水中时，也能使铁生锈。再比如水中有盐、铁器的表面不干净、铁中含有其他金属等，都容易使铁生锈。

怎样才能防止铁生锈？

铁的锈蚀给生产造成了一定的影响。一些生产设备损坏，工厂就不得不停产，同时也会给一个国家带来很大的经济损失。那么有没有能防止铁生锈的好办法呢？最简单的办法就是给铁穿上"衣服"，通常采用的方法就是喷漆、涂油或者在铁的表面涂上其他不容易生锈的金属

（锡、镍等）。比如在那些轿车的身上涂上了一层闪闪发亮的喷漆；在折叠椅架子的外壳上镀一层铬等。

防止铁生锈最重要的还是要让铁与空气、水隔绝，并经常保持铁制品表面的干燥与洁净。

还有一个更加彻底的方法，就是给铁注射"强心针"——加入其他的金属，制成合金。大名鼎鼎的不锈钢，就是在钢中加入了适量的镍和铝而制成的合金。

铁与钢有什么区别呢？

人们经常把钢、铁合在一起说，但是钢和铁是完全不同的两种物质。铁是应用最广的重要金属，但因为铁的韧性较差，所以大部分的铁都被制成钢来使用。所谓"百炼成钢"，也就是说我们要先炼出铁，然后才能进一步炼成钢。钢是含少量碳的铁合金的通称。

铁和钢的最主要的区别就是含碳量不同。生铁的含碳量一般为2%至4.3%，而钢的含碳量一般为0.03%至2%。炼钢是在高温下，通过氧气等一些氧化剂把铁中所含有的过多的碳和其他杂质（如磷、硫等）除去，使其达到钢的含碳量的规定范围。

另外，两者的性能不同，生铁的硬度较低，非常脆；而钢韧性较强，有弹性，还有减磨耐磨、减震、优异的铸造性能等优点。两者所含的杂质也有区别，生铁含硅、锰、硫、磷比较多，而钢所含的这些物质的量都比较少。

趣味问答

125

臭氧，难道是带有臭味的氧气吗？

　　1785年，荷兰的科学家马丁努斯·马伦发现，每当他在实验室中进行放电实验后，空气中就会出现一种特殊的气味。而在自然界中，每当出现雷鸣闪电时，也能闻到这种气味。这是人类最早对臭氧的认识。那么，什么是臭氧，是有臭味的氧气吗？它对人类有什么好处呢？接下来，就让我们全面地来了解一下臭氧吧。

对于臭氧，你知道多少?

　　臭氧和氧气是氧元素的同素异形体，呈淡蓝色，有一种鱼腥臭味，所以叫作臭氧。臭氧在地球大气层中的含量极低，但对生命、全球气候有至关重要的作用。臭氧是一种有毒的强氧化剂，幸运的是，在近地面洁净的空气中，臭氧的含量是非常小的，所以不会危及人体的健康。

　　但是，臭氧在大气中达到一定的浓度时就会成为一种污染源，对环境造成一定的污染。与其他的污染物不同，臭氧不是人类直接排放到空气中的，而是一些汽车尾气或者工业排放物中的氮氧化合物与碳氢化合物在阳光的照射下发生化学反应后生成的。因为臭氧的产生与阳光的强度有直接的关系，所以，在炎热无风

127

的夏天，臭氧的污染是最为严重的。

一旦人们吸入臭氧之后，就会因为臭氧的强氧化作用而使呼吸道产生烧灼感，造成呼吸系统充血或者发炎。儿童、老人和患有呼吸道疾病的人极易受到臭氧的危害。

地球的保护屏障

在离地面约10千米至50千米的大气层中，有一个臭氧层，虽然臭氧是有毒的，但这个臭氧层却是地球上所有生命的保护神，对生命以及全球的气候有至关重要的作用。

这个臭氧层的本领非常高，它能够大量地屏蔽太阳辐射中的高能紫外线，使地球上的生物免遭紫外线的杀伤。所以，把它称为地球生命的"保护神"。可以想象，如果没有它的保护，太阳的紫外线会直接辐射到地面，毫不留情地摧毁生命的基本物质——核酸和蛋白质，使地球上的一切林木都被烤焦，所有的飞禽走兽都将被杀死。

另外，臭氧层还能阻挡地球的热量不至于很快地散发到太空中去，

使地球大气的温度保持恒定。

臭氧层每减少1%，危险的紫外线就要增加2%。皮肤专家指出，过量的紫外线会使人和动物的免疫力下降，最突出的表现就是皮肤癌的发病率会增高，甚至还会使人和动物的眼睛失明。

这时候，可能有的小朋友会问：臭氧层可以帮助我们不受强烈的紫外线的照射，那么那些宇航员飞往太空的过程中，已经失去了臭氧层的保护，为什么他们还能安然无恙，没有受到紫外线的伤害呢？这是因为他们身上穿了特制的宇航服，可以抵制高能射线的袭击。

如今，臭氧层正在面临着摧残

臭氧层为地球上的生命提供了一个安全的生存环境，多姿多彩的生命世界离不开臭氧层的保护。但是，因为人类的活动，现在的臭氧层正在遭受着破坏。臭氧层离我们有几十千米高，怎么还会遭到破坏呢？

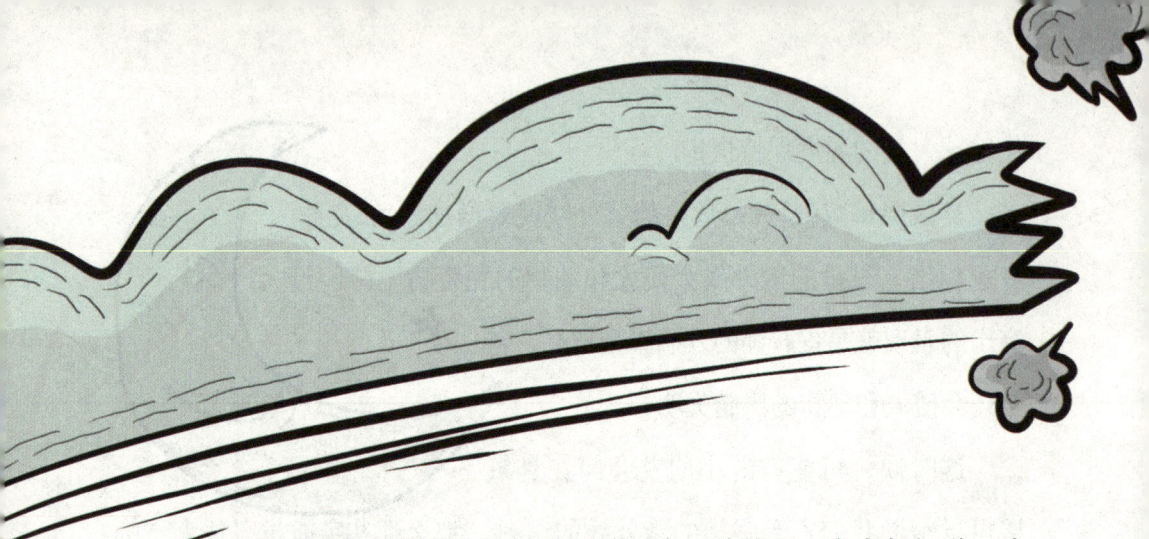

这是因为人造的氯氟碳化物被大量地、广泛地使用。大家都知道，冰箱和空调的制冷剂主要采用的是氟利昂，这就是一种人造的氯氟碳化物，是破坏臭氧层的元凶。这些气体被排放到大气中，在太阳紫外线的照射下，会分解放出氯原子。根据计算，平均一个氯原子就会消耗掉10万个臭氧分子。可以说，这些氯原子就像是炸弹一样摧毁着臭氧层。

　　一些用于泡沫塑料发泡、电子器件清洗的氯氟烷烃以及用于特殊场合的溴氟烷烃等化学物质都能对臭氧层造成一定的破坏。

　　另外还有一类臭氧层的"克星"，就是甲烷和氯氧化合物，特别是一氧化氮。这些主要是来源于汽车的尾气。

大家行动起来，保护臭氧层

据考察，北极出现了臭氧层空洞，这引起了加拿大、俄罗斯、英国等地的人们的恐慌。因为臭氧层的臭氧浓度减少，会使太阳对地球表面的紫外线辐射量增加。这些紫外线对人类以及其他动物、植物都会造成极大的危害。紫外线会造成基因的突变，一个物种体内基因突变积累到一定的程度，这个物种便会消亡。紫外线辐射，会损害人体的免疫功

能和造成眼球白内障；会影响海洋浮游生物的繁殖及生长；会使地球变暖，海平面上升……这些后果都是十分严重的。

所以，全球行动起来，保护臭氧层免遭破坏已经刻不容缓。科学家们呼吁应立即停止或者减少氟利昂的生产。联合国于1987年在加拿大制订了《关于消耗臭氧层物质的蒙特利尔议定书》。从此，保护臭氧层成为了全球性的环保新课题。1990年，《蒙特利尔议定书》的列管项目进一步扩大，限制了四氯化碳和氯仿的生产。

为什么下过雨后，会觉得空气清新？

在暴风雨来临之前，天气通常混沌闷热；而雷雨过后，空气就变得特别清新，让人精神舒畅。这是为什么呢？

一般人认为，下雨过后之所以空气变得清新，是因为下雨后，地面和空气中的热量蒸发使得环境降温，同时，雨水可以把空气中的尘埃带走，并溶解一些可溶性的污浊气体。但是，这只是其中的一个方面。

另外一个重要的原因就是臭氧在起着关键的作用。雷雨天，天气会产生臭氧。而臭氧是一种强氧化剂，被世界公认为是一种广谱、高效的杀菌剂。它的氧化能力比氯气要高出一倍，灭菌的速度也非常快，几乎在几秒钟之内就可以把细菌杀死。

臭氧可以杀灭细菌繁殖体和芽孢、病毒、真菌等，还可以破坏肉毒杆菌毒素，杀灭空气中、水中和食物中的有毒物质。据实验，臭氧几乎对所有细菌、病毒、真菌、原虫及卵囊都具有明显的灭活效果。

另外，把臭氧溶于水中可以形成臭氧水，这是一种对各种致病的微生物都有极强杀伤效果的消毒灭菌水剂。用臭氧水清洗瓜果、蔬菜、衣物和器皿等，可以把上面残留的农药等去除掉，还能延长食品的保鲜期。臭氧在杀菌、消毒的过程中，还可以自行还原为氧和水，不会有任何残留和二次污染，所以臭氧被认为是绿色环保元素。

趣味问答

这样的化学实验
真有趣！

有些看似神奇的化学实验，其实技巧并不是很高，只要你懂得小小的原理，你也可以创造出让人眼前一亮的奇迹，而且每一次亲手实践都意味着一个探索与求知的过程。当你做这些小实验的时候，你就会发现：玩中学，学中玩，原来化学也这么有意思！现在，就教给你几个有趣的实验，让你变成一个小小的化学魔法师。

看，小木炭也会跳舞

　　黑火药是中国古代的四大发明之一，曾对人类作出了巨大的贡献。但是你知道黑火药为什么能爆炸吗？如果你做了这个"木炭也会跳舞"的实验，就会清楚其中的原理。

　　首先，取一支试管，在里面装上2克至4克固体的硝酸钾，然后用铁夹将试管直立地固定在铁架上，用火给试管底部加热。当硝酸钾渐渐熔化时，取来豆粒大小的木炭放入已经熔化的硝酸钾中。稍等一会儿，你看到了什么？哈哈，小木炭在试管中，一会儿上下跳动，一会儿翻转身体，在不停地跳舞，身上还红光闪闪。

　　这是什么原因呢？原来，小木炭在刚放入试管中时，因为温度比较低，小木炭没有达到其燃点，所以静静地躺在那儿。在加热一会儿后，达到了小木炭的燃点，它便与硝酸钾发生了激烈的化学反应，放出大量的热，使小木炭立刻燃烧发光。硝酸钾在高温下分解后会放出氧气。这些氧气又与小木炭反应生成二氧化碳，结果就把小木炭给顶起来了。当小木炭跳起来后，与下面的硝酸钾脱离，没有二氧化碳了，小木炭就又落了下去，重新接触到硝酸钾，再次发生反应。这样不断地反复，小木炭就不停地上下跳跃。

知道了这个原理，小朋友赶紧行动起来，亲手做一下，来欣赏小木炭优美的舞姿吧！

可以玩的"爆炸"

大家都知道爆炸事件，瓦斯爆炸、煤气爆炸等，会伤害到很多人。爆炸是一件危险的事，但是，现在教给你的这个实验却是可以玩的"爆炸"。

首先取来一个带盖子的瓶子，往里面放入一些浓氨水，再取一些碘的晶体放进去。大约一个小时之后，我们就会看到碘和浓氨水发生反应后生

成的一些黑色的碘化氮晶体。这种晶体不溶于水，所以会沉在瓶底。小朋友们要注意，浓氨水具有挥发性，放置的时候要把瓶盖盖好哦！

用一个药匙把碘化氮从浓氨水中取出，放在一张疏松的纸上，随后将大粒的碘化氮分成小粒。一般火柴头大小的一粒碘化氮可以分割成五六个小粒。然后耐心地等它们干燥。需要注意的是，一旦碘化氮干燥后，它的脾气就变得非常火爆。

这时，你可以取几粒夹在硬封面的书籍中，把书用力合起来的时候，就会发出"卟""卟"的响声，好像爆炸一样。这是因为碘化氮不稳定，只要稍微受到压力就会分解产生爆炸，同时放出碘蒸气。你还可以在地上放几粒，如果用脚使劲踩一下，也会发生爆炸现象。

小朋友们要注意，虽然这个实验没有什么危险，但还是要注

意两个问题：第一是碘化氮在干燥时，各个小粒之间要离得远一些；第二是应该把所有的碘化氮都全部炸完，不可以藏起来下次用。

不吸烟，也可以"吐"出烟圈

当你看到吸烟的人坐在沙发上，嘴里不时地吐出一个个白色的烟圈，向上飘去，这样的动作是不是很潇洒，你是不是也很想尝试一下呢？但是我们又都知道吸烟有害健康，特别是我们儿童，更是要远离香烟。现在，就教给你一个小游戏，让你不吸烟，也可以"吐"出烟圈。

首先找来一个纸壳材料做的鞋盒。在盒子的前面用打孔器打出一个直径为5毫米至10毫米的圆孔。打开盒盖，在盒子内部放入两个小烧杯，

一个烧杯中加入10毫升的浓盐酸，另一个烧杯中加入10毫升的浓氨水。盖上盒盖后，盒内就会产生浓厚的白烟。这是因为浓盐酸和浓氨水都极易挥发，浓氨水挥发出的氨气与浓盐酸挥发出的氯化氢反应，生成了固体的氯化氨，也就是我们看到的白色的烟。

　　这时，如果你轻轻地拍打盒盖，一个个白色的烟圈就会从圆孔中接连不断地冒出来，和真的烟圈没有什么两样。

自制 "小火箭"

火箭是中国古代的重大发明之一，那时的火箭主要是以火药为动力的。而现在的火箭则是用高能燃料的。在电视上看到的火箭发射的情景，真是宏伟、壮观。如果你想自己制作一个小型的玩具火箭，其实也是一件比较容易的事情。

首先，找来一块白色的可发泡沫塑料（一般是用作仪器或者仪表的包装，一种白色的泡沫硬块），这种塑料重量非常轻，也容易用小刀加工成各种形状。把泡沫塑料做成火箭的箭头形状，在其尾部插上一根细木棍。

然后，找一个广口瓶，配上一个橡皮塞或者软木塞。一般50毫升至60毫

升的瓶子比较合适。如果瓶子太大，瓶内不能产生足够的压力，火箭就发射不了。在橡皮塞上钻两个圆孔，一个孔内插入一支滴管，用来装过氧化氢溶液；另一个孔内插一支玻璃管，玻璃管的粗细要和小火箭尾部的细木棍相匹配。细木棍要尽量削得圆一些，比玻璃管的内径稍微细点，使它装在玻璃管中后可以灵活地上下移动。

这些准备工作做好之后，就可以发射火箭了。在广口瓶的底部加入少量的二氧化锰固体，滴管内加入几毫升的过氧化氢溶液，然后把橡皮塞塞在瓶口上，再把小火箭尾部的细木棍插入玻璃管内。

火箭发射时，只要挤压玻璃管的胶头，这样过氧化氢就会进入到广口瓶内，滴在二氧化锰固体上，两者结合会立即发生反应，产生大量的氧气。氧气使广口瓶内产生很大的气压，能使小火箭向上冲出去，高度可达一二米。

在玻璃上"刻"花

看到这个题目，你是不是很奇怪？玻璃是非常坚硬而且又容易碎的物质，怎么可能在上面刻花呢？别着急，我们现在可以请"化学"这个高手来帮忙。

首先找来一个玻璃器皿，用去污粉把其擦洗干净，晾干。然后用毛笔在其表面涂上一层均匀的石蜡层（也可以用热敷的方法涂抹），用小刀在石蜡层上刻上漂亮的花。然后用毛笔蘸取氢氟酸涂在所刻的花上。等待几分钟，用吸水纸将上面剩余的酸液吸干净，再涂上氢氟酸。这样重复操作四五次，最后用小刀或者浸入沸水的方法把石蜡层除掉，你所刻的花就显示到这个玻璃器皿上了。这是因为氢氟酸具有强烈的腐蚀性，可以腐蚀金属、玻璃和含硅的物质。

另外，氢氟酸具有毒性，这个实验一定要在通风的屋子里操作。

神奇的防火布

现在，再教你制作一块神奇的防火布。

首先，找来一块普通的棉布浸在氯化铵的饱和溶液中，稍等一会儿后，取出来晾干。

这时，你再用火来点这块布，不但点不着，还会冒出白色的烟雾，你知道其中的道理吗？

原来，这块布的表面沾满了氯化铵的晶体颗粒。而氯化铵这种物质有一个毛病，就是不能受热，一遇到热就会发生化学反应，生成氨气和氯化氢气体。这两种气体都不能燃烧，这样就在棉布和空气中间形成一个隔离层，而棉布没有氧气助燃，当然就不能燃烧了。这两种气体在使棉布不能被火烧着的同时，在空气中相遇后，又重新化合而形成氯化铵小晶体，这些小晶体散布在空气中，就像白色的烟雾一样。可见，氯化铵是一种很好的防火材料。有些舞台的布景或者舰艇上的木料，经常用氯化铵来处理一下，以防止发生火灾。

安全炸药是谁研制的?

诺贝尔奖是全世界家喻户晓的奖项,是科学家们的最高成就奖。它是由瑞典的化学家诺贝尔以自己的名字命名的科学奖。

诺贝尔从青年时期就致力于科学研究,他的一生几乎都用在了研制安全的炸药上。诺贝尔最小的弟弟以及他的4个助手都被炸药炸死了,但他并未灰心,依旧没有停止实验的脚步。后来,诺贝尔父子在斯德哥尔摩市郊建立了实验室,开始研制解决炸药引爆的雷管。

终于,诺贝尔在反复的实验中,制成了运输和使用都很安全的硝化甘油工业炸药,这也就是诺贝尔安全炸药。从此,人们结束了手工作坊生产黑色火药的时代。现在,修路、爆破危楼都需要用安全炸药。诺贝尔一生共有各类炸药及人造丝等近400项发明,这些发明使诺贝尔在世界化学史上占有重要地位。